Eine Zusammenstellung des Inhaltes der Hefte 1 bis 169 der Forschungsarbeiten zugleich mit einem Namen- und Sachverzeichnis wird auf Wunsch kostenfrei von der Redaktion der Zeitschrift des Vereines deutscher Ingenieure, Berlin N.W. 7, Sommerstr. 4a, abgegeben.

Lehrer und Schüler technischer Schulen erhalten die Hefte zur Hälfte des angegebenen Preises, sofern sie Bestellung und Zahlung an den Verein deutscher Ingenieure, Berlin N.W. 7, Sommerstr, 4a, richten.

Heft 170 und 171: **Nadai**, Die Formänderungen und die Spannungen von rechteckigen elastischen Platten. Preis 2 ℳ.

Heft 172 und 173: **Polster**. Untersuchung der Druckwechsel und Stöße im Kurbelgetriebe von Kolbenmaschinen. Preis 2 ℳ.

Heft 174: **Münzinger**, Untersuchungen an einem 15-pferdigen Dieselmotor der Maschinenfabrik Augsburg-Nürnberg. Preis 1 ℳ.

Heft 175 und 176: **Böker**, Die Mechanik der bleibenden Formänderung in kristallinisch aufgebauten Körpern. Preis 2 ℳ.

Heft 177: **Bach**, Erfahrungsmaterial über das Unbrauchbarwerden der Drahtseile. Preis 1 ℳ.

Heft 178 und 179: **Stamer**, Versuche mit Rollenlagern. Preis 2 ℳ.

Heft 180: **Lautz**, Die Einwirkung der Temperatur auf die Biegefähigkeit von Flußeisen- und Kupferdrähten Preis 1 ℳ.

Heft 181: **Runge**, Die experimentelle Bestimmung des Ungleichförmigkeitsgrades und der Winkelabweichung von Kolbenmaschinen. Preis 1 ℳ.

Heft 182: **Seehase**, Die experimentelle Ermittlung des Verlaufes der Stoßkraft und die Bestimmung der Deformationsarbeit beim Stauchversuch. Preis 1 ℳ.

Heft 183: **Heinrich**, Ueber den Einfluß des Gegendruckes und der Füllung auf den Dampfverbrauch und den Arbeitsvorgang im Dampfzylinder, nach Versuchen an einer Einzylindermaschine. Preis 1 ℳ.

Literarische Unternehmungen d. Vereines deutscher Ingenieure:

ZEITSCHRIFT
DES
VEREINES DEUTSCHER INGENIEURE.

Redakteur: D. Meyer.

Berlin N.W. 7, Sommerstraße 4a

Geschäftsstunden 9 bis 4 Uhr.

Expedition und Kommissionsverlag: Julius Springer, Berlin W., Linkstr. 23/24.

Die Zeitschrift des Vereines deutscher Ingenieure erscheint wöchentlich Sonnabends. Je einmal im Monat liegt ihr die Zeitschrift „**Technik und Wirtschaft**" bei. Preis bei Bezug durch Buchhandel und Post 40 ℳ jährlich; einzelne Nummern werden gegen Einsendung von je 1.30 ℳ — nach dem Ausland von je 1.60 ℳ — portofrei geliefert.

Anzeigen:
Das Millimeter Höhe einer Spalte kostet 25 Pf. Bei 6, 13, 26, 52 maliger Wiederholung im Laufe eines Jahres: 10, 20, 30, 40 vH Nachlaß. Für Stellengesuche von Vereinsmitgliedern, die unmittelbar bei der Annahmestelle, Linkstraße 23/24 aufgegeben und vorausbezahlt werden, kostet das Millimeter Höhe einer Spalte nur 12 Pf.

Beilagen:
Preis und erforderliche Anzahl sind unter Einsendung eines Musters bei der Expedition zu erfragen. Die Beilagen sind **frei Berlin** zu liefern.

Den Einsendern von Ziffer-Anzeigen wird für Annahme und freie Zusendung einlaufender Angebote mindestens 1 ℳ berechnet.

Schluß der Anzeigen-Annahme: Montag Vorm.; für Stellengesuche: Montag Abend 7 Uhr.

TECHNIK UND WIRTSCHAFT.
MONATSCHRIFT DES VEREINES DEUTSCHER INGENIEURE.
REDAKTEURE D. MEYER.
IN KOMMISSION BEI JULIUS SPRINGER BERLIN.

Die »Technik und Wirtschaft« liegt der ganzen Auflage der Zeitschrift des Vereines deutscher Ingenieure (Preis des Jahrgangs 40 ℳ) allmonatlich bei. Sie ist außerdem für 8 ℳ für den Jahrgang durch alle Buchhandlungen und Postanstalten sowie durch die Verlagsbuchhandlung von Julius Springer zu beziehen.

Anzeigen: Die ganze Seite 100 ℳ, $^1/_2$ Seite 50 ℳ, $^1/_4$ Seite 25 ℳ, $^1/_8$ Seite 12,50 ℳ. Ein kleinerer Raum als $^1/_8$ Seite wird nicht abgegeben. Bei 3 6 12 maliger Wiederholung im Jahre. **Beilagen:** Preis und erforderliche Anzahl sind 5 10 20 vH Nachlaß. unter Einsendung eines Musters bei der Verlagsbuchhandlung von Julius Springer zu erfragen. Auflage des Blattes 27000.

FORSCHUNGSARBEITEN
AUF DEM GEBIETE DES INGENIEURWESENS
HERAUSGEGEBEN VOM VEREIN DEUTSCHER INGENIEURE

Schriftleitung: D. Meyer und M. Seyffert

Heft 184

Die Abhängigkeit des Thomson-Joule-Effektes für Luft von Druck und Temperatur bei Drücken bis 150 at und Temperaturen von −55° bis +250° C

von

Dr.-Ing. FRIEDRICH NOELL

SPRINGER-VERLAG BERLIN HEIDELBERG GMBH

ISBN 978-3-662-01919-1   ISBN 978-3-662-02214-6 (eBook)
DOI 10.1007/978-3-662-02214-6

Die Abhängigkeit des Thomson-Joule-Effektes für Luft von Druck und Temperatur bei Drücken bis 150 at und Temperaturen von −55° bis +250° C.[1)]

Von Dr.-Ing. **Friedrich Noell**.

Die Temperaturänderung, die ein Gas bei der Expansion ohne Arbeitsabgabe nach außen erfährt, ist eine zuerst von Thomson und Joule[2)] für eine Reihe von Gasen beobachtete Erscheinung, die deshalb Thomson-Joule-Effekt genannt wird.

Da die Untersuchungen dieser Forscher sich nur auf das kleine Druckbereich bis 4,5 at und auf das Temperaturbereich zwischen 4 und 100° C erstreckten, wurde mit Rücksicht auf die hohe wissenschaftliche und technische Bedeutung dieser Erscheinung auf Anregung von Geheimrat Dr. C. v. Linde im Laboratorium für Technische Physik der Kgl. Technischen Hochschule München eine systematische Untersuchung dieser Abhängigkeit von Druck und Temperatur innerhalb weiter Grenzen vorgenommen. Sie wurde von E. Vogel begonnen, welcher den Einfluß des Druckes bei 10° C feststellte (vergl. unten S. 6). An diese Untersuchung schließt die nachstehend geschilderte an, indem sie den Thomson-Joule-Effekt für eine Atmosphäre Drucksenkung in Abhängigkeit von Druck und Temperatur bei Drücken bis zu 150 at und zwischen Temperaturen von −55° bis +250° C bestimmte und eine diese Abhängigkeit ausdrückende Formel aufstellte. Außerdem wurde mit letzterer eine Kurventafel angefertigt, aus der die Abkühlung bei Entspannung von verschiedenen Anfangsdrücken und Temperaturen aus (innerhalb des untersuchten Bereiches) auf Atmosphärendruck entnommen werden kann. Schließlich wurden gewisse thermodynamische Folgerungen gezogen; insbesondere konnte für Luft eine Kurventafel der spezifischen Wärme c_p bei unveränderlichem Druck innerhalb des untersuchten Druck- und Temperaturbereiches berechnet werden.

In dankenswerter Weise wurden die für die Untersuchungen erforderlichen Mittel von der Gesellschaft für Lindes Eismaschinen in Wiesbaden in reichlichem Maße zur Verfügung gestellt.

[1)] Mitteilung aus dem Laboratorium für technische Physik der Kgl. Techn. Hochschule München. Eine vorläufige Mitteilung der Versuchsergebnisse findet sich: F. Noell, Ueber die Temperaturänderung usw. Sitz.-Ber. d. Kgl. bayer. Akad. d. Wissensch. math.-phys. Kl. 1913. Die Beobachtungen wurden Ende März 1912 abgeschlossen. Durch die mit dem Umzug des Laboratoriums in den Neubau verbundenen Arbeiten hat sich die Ausarbeitung des Versuchsberichtes unliebsam verzögert.

[2)] Thomson and Joule, Phil. Trans. 1853 S. 357, 1854 S. 321, 1862 S. 579.

Die vorliegende Abhandlung zerfällt in folgende Teile:

I. Allgemeine Betrachtungen über die Abkühlung bei Expansion ohne Arbeitsabgabe nach außen.
II. Ueberblick über die bisher angewandten Versuchsverfahren zur Bestimmung des Thomson-Joule-Effektes.
III. Grundlagen für die Versuchsanordnung.
IV. Beschreibung der Versuchsanlage.
   1) Der Luftkreislauf.
   2) Der Durchströmapparat.
   3) Die Drosselstelle.
   4) Die Vorrichtungen zur Erzielung der Eintrittstemperaturen der Luft:
     a) Der Oelthermostat.
     b) Der Kältethermostat.
     c) Der Eisthermostat.
   5) Die Meßeinrichtungen:
     a) zur Messung der absoluten Drücke.
     b) zur Messung des Druckunterschiedes.
     c) zur Messung der Temperaturen.
V. Durchführung der Versuche.
   1) Allgemeines.
   2) Versuche bei -34° C.
   3) Versuche bei -55° C.
   4) Versuche bei 0° C.
   5) Versuche bei hohen Temperaturen.
VI. Auswertung der Versuche.
VII. Vergleich der Versuchsergebnisse mit denen anderer Forscher.
VIII. Folgerungen aus den Versuchsergebnissen.
IX. Die spezifische Wärme der Luft.
X. Zusammenfassung.

I. Allgemeine Betrachtungen über die Abkühlung bei Expansion ohne Arbeitsabgabe nach außen.

Soll ein unter höherem Druck stehendes Gas ohne Wärmeaustausch nach außen (adiabatisch) auf eine niedrigere Druckstufe gebracht werden, so kann dies mit und ohne Leistung einer äußeren Arbeit geschehen.

Schließen wir ein ideales Gas in einem Zylinder unter hohem Druck ab und lassen es sich dann (adiabatisch) durch Verschieben eines Kolbens, auf dem von außen ein bestimmter Druck lastet, ausdehnen, so haben wir eine Expansion mit Leistung äußerer Arbeit. Das Gas muß eine Arbeit leisten, um den Kolben gegen den Außendruck zu verschieben, es entnimmt die dieser Arbeitsleistung entsprechende Wärmemenge seinem eigenen Wärmevorrat und kühlt sich dabei stark ab, und zwar nach der bekannten Formel

$$T_2 = T_1 \left(\frac{p_2}{p_1}\right)^{\frac{\varkappa-1}{\varkappa}}.$$

Hierbei seien mit T_1 und T_2, sowie p_1 und p_2 die dem Anfangs- und Endzustand entsprechenden Temperaturen und Drücke, und mit $\varkappa$ der Quotient $\frac{c_p}{c_v}$ der spezifischen Wärme bei unveränderlichem Druck und unveränderlichem Volumen bezeichnet.

Nehmen wir jedoch an, daß zwei Zylinder A und B mit Kolben a und b versehen sind, Abb. 1, die so vorwärts bewegt werden, daß beim Austreten des Gases durch eine kleine Oeffnung von A nach B der Druck in beiden Zylindern je derselbe bleibt, so haben wir eine Expansion ohne äußere Arbeits-

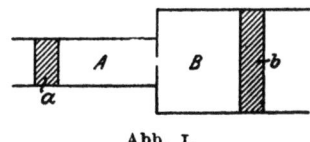

Abb. 1.

leistung des Gases, da die im Zylinder A gewonnene Arbeit im Zylinder B wieder verbraucht wird. Ist nämlich p_1 der Druck des Gases in A, U_1 seine innere Energie und v_1 sein spezifisches Volumen, während p_2, U_2, v_2 dieselbe Bedeutung für das Gas in B haben, dann ist bei adiabatischem Verlauf des Vorganges die Aenderung der inneren Energie gleich

$$U_1 - U_2,$$

anderseits der Unterschied der Arbeiten, welche mittels der beiden Kolben geleistet werden,

$$p_2 v_2 - p_1 v_1,$$

so daß also

$$U_1 = U_2 + p_2 v_2 - p_1 v_1.$$

Gilt das Gesetz von Mariotte-Boyle, ist also bei stets gleich gehaltener Temperatur $pv = $ konst, so ist

$$U_1 = U_2$$

und, da bei einem idealen Gase U der Temperatur proportional ist, auch

$$T_1 = T_2.$$

Bei der Expansion ohne äußere Arbeitsleistung, der sogenannten »Drosselung« findet also beim idealen Gase keine Temperaturänderung statt.

Bei den realen Gasen jedoch, und hierzu müssen alle bekannten Gase gerechnet werden, ist, wie oben erwähnt, die Drosselung von einer Temperaturänderung begleitet, und zwar im allgemeinen von einer Temperatursenkung. Diese erklärt sich aus einer gewissen »inneren Arbeit«, die gegen Kräfte geleistet wird, die ihren Sitz in dem Gase selbst haben und gemäß den Anschauungen der kinetischen Gastheorie als Anziehungskräfte zwischen den Gasmolekülen aufzufassen sind. Die zuweilen bei der Drosselung auftretende Temperaturerhöhung ist auf die S. 43 besprochenen Vorgänge zurückzuführen.

II. Ueberblick über die bisher angewandten Versuchsverfahren zur Bestimmung des Thomson-Joule-Effektes.

Bei der Darstellung der bisher bei Drosselversuchen angewandten Versuchsverfahren ist es erforderlich, zuerst die grundlegende Versuchsanordnung von Thomson und Joule[1]) kurz zu schildern.

Die Versuche wurden bei Temperaturen zwischen 4 und 100° C durchgeführt und dabei von 4,5 at auf den Druck der Außenluft herabgedrosselt. Die Luft wurde von einem durch eine Dampfmaschine angetriebenen Kompressor geliefert, durchströmte eine Kupferschlange und dann den Drosselapparat, die sich beide in einem Temperaturbad befanden, das mit Dampf beheizt werden konnte. Der Drosselapparat bestand aus einem Zinkrohr, welches mit einem Buchs-

---

[1]) **Thomson und Joule** s. o.

baumrohr ausgekleidet war. In letzterem war zwischen zwei Sieben der Drosselstopfen untergebracht, der aus Baumwolle oder Seide bestand. Als Temperatur der Hochdruckseite wurde die Badtemperatur angenommen, auf der Niederdruckseite wurde die Temperatur durch ein Quecksilberthermometer gemessen. Der Druck wurde durch Manometer bestimmt.

Natanson[1]) und Kester[2]) benutzten bei ihren Versuchen mit Kohlensäure eine dem Thomson-Joule-Apparat ähnliche Anordnung, doch entnahmen sie das Gas einer Bombe. Kester benutzte außerdem Thermoelemente statt Quecksilberthermometer zur Temperaturmessung.

Olszewski[3]) verwendete als Drosselstelle statt eines Stopfens ein Reduzierventil aus Messing.

Dalton[4]) prüfte dessen Versuche mit Glas- und Messingventilen nach und stellte besonders den Einfluß der durchströmenden Luftmenge und der Art des Ventiles auf den Kühleffekt fest. Ersterer verwendete Widerstandsthermometer, letzterer Thermoelemente. Beide stellten die Anfangstemperaturen durch Temperaturbäder her.

Bradley und Hale[5]), welche ausgedehnte Versuche mit Luft bis zu sehr tiefen Temperaturen herab bei verschiedenen Drücken machten, bedienten sich eines Drosselventiles aus Vulkanfiber und maßen die Temperaturen mit Widerstandthermometern. Zur Erzeugung der tiefen Anfangstemperaturen bedienten sie sich des Kühleffektes des Gases selbst, indem sie einen Hampson-Verflüssiger in der Höhe so unterteilten, daß die aus dem Ventil austretende kalte Luft längere oder kürzere Zeit mit den engen Kupferrohren, in denen die hochgespannte Luft dem Ventil zuströmte, in Berührung kam. Dadurch konnten sie beliebige Lufttemperaturen bis zur Verflüssigung herab vor dem Expansionsventil einstellen. Sie ersparten so die schwer herzustellenden tiefen Temperaturbäder.

Alle hier aufgeführten Versuche wurden so angestellt, daß von einem beliebig hohen Druck auf den Druck der Außenluft herabgedrosselt wurde. Die Niederdruckseiten der Drosselapparate standen immer mit der Außenluft in Verbindung. Soweit dabei mit sehr hohen Anfangsdrücken gearbeitet wurde, wie bei Olszewski und Bradley und Hale, geben diese Versuche wohl ein Bild des Verlaufes der Abkühlung; doch da der Kühleffekt von Druck und Temperatur abhängig ist, ist es nicht möglich, auf diese Art die Abkühlung für 1 at Drucksenkung bei verschiedenen absoluten Drücken zu erhalten.

Von dieser Ueberlegung ausgehend, wurde bei den Versuchen, die von E. Vogel[6]) über den Thomson-Joule-Effekt im Münchener Laboratorium für Technische Physik durchgeführt worden sind, auf Vorschlag von Linde, von verschiedenen Anfangsdrücken ausgehend, immer mit einem gleichbleibenden Druckunterschied von 6 at zwischen Hoch- und Niederdruckseite gearbeitet. Dadurch war es möglich, die Temperatursenkung für 1 at Druckabfall richtig zu bestimmen. Zur Herstellung der Anfangstemperatur wurde ein Temperaturbad verwendet und die Drosselung durch einen Stopfen vorgenommen. Die Temperaturmessung wurde mit Quecksilberthermometern, mit Widerstandsthermometern und mit Thermoelementen durchgeführt.

---

[1]) Natanson, Ann. d. Phys. u. Chem. 1887, Bd. 31 S. 502.
[2]) Kester, Phys. Zeitschrift 6. Jahrg. 1905 S. 44.
[3]) K. Olszewski, Anzeiger der Akad. Krakau 1906 S. 792.
[4]) J. P. Dalton, Communic. from the Phys. Labor. Leiden Nr. 109, 1909 S. 23.
[5]) W. P. Bradley und C. F. Hale Zeitschr. für kompr. u. flüss. Gase 1909 S. 148.
[6]) E. Vogel: Ueber die Temperaturänderung von Luft und Sauerstoff beim Strömen durch eine Drosselstelle bei 10° C und Drücken bis zu 150 at. Dissertation München 1910. und Forschungsarb. des Ver. deutsch. Ing. Heft 108/109.

Diese Versuchseinrichtung wurde zum großen Teil auch bei den Versuchen des Verfassers verwendet und ist unten näher beschrieben.

III. Grundlagen für die Konstruktion der Versuchsanordnung.

Um die Abkühlung infolge Aenderung der »inneren Arbeit« richtig zu erhalten, müssen zwei Grundbedingungen erfüllt sein: Es muß erstens der Prozeß adiabatisch, d. h. ohne jeden Wärmeaustausch mit außen verlaufen; es muß zweitens die Abkühlung infolge Aenderung der kinetischen Energie, die sogenannte Geschwindigkeitskühlung, ohne Einfluß auf das Ergebnis bleiben. In der ersten Bedingung ist auch enthalten, daß eine merkliche Wärmeleitung durch den Stopfen nicht stattfinden darf.

Den Einfluß der Geschwindigkeitskühlung stellten schon Thomson und Joule fest. Sie fanden, daß die Temperatur auf der Niederdruckseite verschieden war, je nachdem das Thermometer näher oder weiter vom Drosselstopfen entfernt war. Diese Versuche zeigten auch, daß der Widerstand des Stopfens kaum groß genug gemacht werden konnte, damit die Geschwindigkeit und auch die kinetische Energie des Gases nach dem Durchgang durch den Stopfen sich nicht vergrößere. Diese Zunahme der kinetischen Energie bewirkt selbstverständlich eine Abkühlung des Gasstromes, so daß in nächster Nähe der Austrittfläche des Stopfens eine Temperaturabnahme nachgewiesen werden kann, welche von dieser Geschwindigkeitskühlung herrührt. Jedoch verschwindet ihr Einfluß schon in kleiner Entfernung von dem Stopfen, da die Geschwindigkeit des Gases durch Reibung bald vermindert und dadurch die kinetische Energie wieder auf den ursprünglichen Wert gebracht wird.

Es ist jedoch noch eine Abkühlung infolge Aenderung der Gasgeschwindigkeit denkbar, dadurch hervorgerufen, daß das Gas nicht mit derselben Geschwindigkeit vom Stopfen abströmt, mit der es ihm zugeleitet wird. Um stets gleiche Geschwindigkeiten vor und hinter dem Stopfen zu erzielen, müßten die Querschnitte dem jeweiligen Gasvolumen vor und hinter der Drosselstelle angepaßt sein. Bei der Konstruktion eines Versuchsapparates, der für ein großes Druck- und Temperaturbereich verwendet werden soll, ließen sich diese Querschnittsverhältnisse für einen einzigen Fall wohl herstellen, nicht aber für den ganzen Versuchsbereich. Es erleichtert daher die Durchführung von Drosselversuchen ganz außerordentlich, daß durch Bradley und Hale bei einer Veränderung der Querschnitte und somit auch der Gasgeschwindigkeit hinter der Drosselstelle im Verhältnis von 1 : 30 ein Einfluß der Geschwindigkeitsänderung auf den Kühleffekt nicht festgestellt werden konnte.

Zur Messung der Temperaturänderung nur infolge Aenderung der inneren Arbeit des Gases genügt es also, wenn die Meßstelle aus dem Bereich jener Geschwindigkeitskühlung herausgerückt wird, die unmittelbar an der Austrittfläche des Stopfens auftritt und nur auf eine sehr kurze Strecke begrenzt ist.

Werden die angeführten Gesichtspunkte bei der Konstruktion eines Drosselapparates beachtet, dann wird erreicht, daß das Gas vor und hinter der Drosselstelle die gleiche Erzeugungswärme oder Enthalpy[1]) hat, d. h. daß der Wert $U + pv$ während des Vorganges unverändert bleibt, und daß somit jede Aenderung der Temperatur nur von der Leistung einer inneren Arbeit herrührt.

---

[1]) Dalton, s. o., diese Bezeichnung ist von Kamerlingh Onnes gewählt.

IV. Beschreibung der Versuchsanlage.

1) Der Luftkreislauf.

Zu den Versuchen wurde die im Laboratorium vorhandene Versuchsanlage benutzt, die von Dr. Adam und Dr. Vogel entworfen ist. Eine eingehende Beschreibung derselben ist in der Veröffentlichung[1]) der Versuchsergebnisse des letzteren enthalten. Im Folgenden seien die hauptsächlichen Teile der Anlage

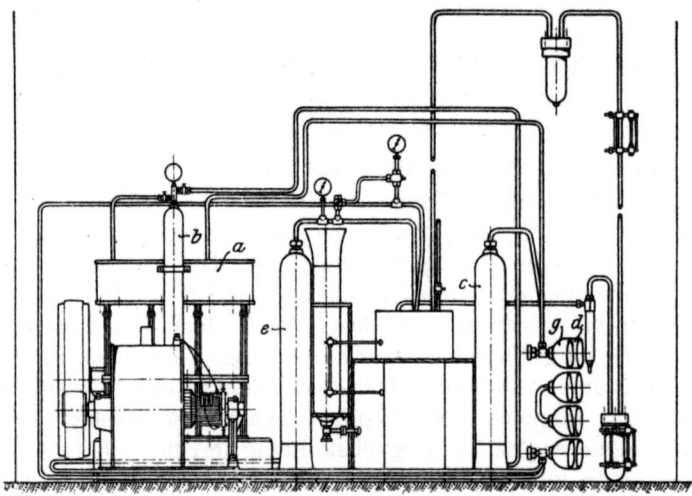

Abb. 2. Versuchsanordnung für Thomson-Joule-Versuche.

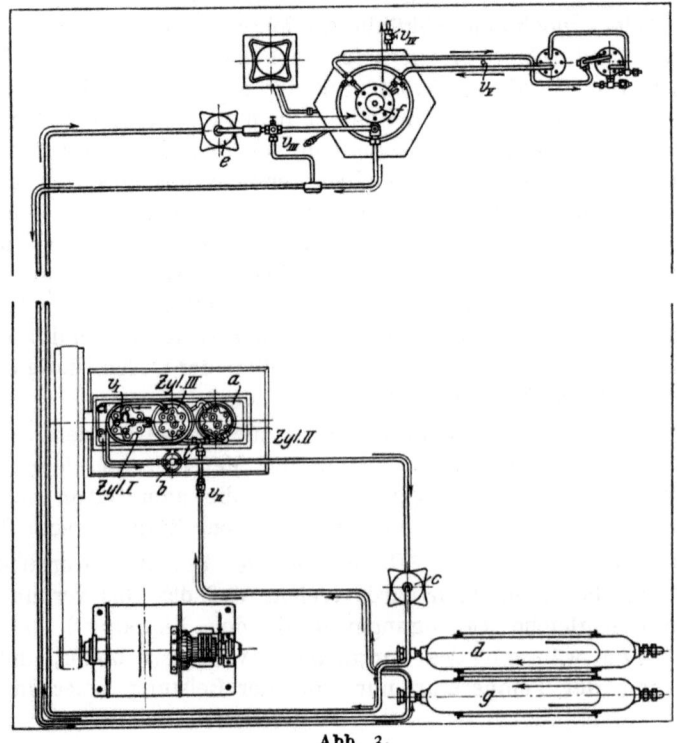

Abb. 3.

---

[1]) Vogel, s. o.

nochmals kurz angeführt und daran anschließend die für die Versuche des Verfassers bei hohen und tiefen Temperaturen notwendigen Vorrichtungen genauer geschildert.

Die Anlage besteht im wesentlichen aus einem elektrisch angetriebenen Whitehead-Kompressor, zwei Hochdruck-Stahlflaschenbatterien, zwei Trockenflaschen, dem Durchströmapparat mit den Temperaturbädern zur Erzeugung der erforderlichen Anfangstemperaturen und den Einrichtungen für die Temperatur- und Druckmessung.

Die Anlage ist so eingerichtet, daß die Luft einen geschlossenen Kreislauf beschreibt. Der Gang des Luftkreislaufes ist folgender, Abb. 2 und 3.

Von dem Kompressor a strömt die Luft durch einen Wasserabscheider b und eine erste Chlorcalciumvorlage c in die als Hochdruckwindkessel dienende erste Flaschenbatterie d und von dort durch eine zweite Chlorcalciumvorlage e hindurch in die Hochdruckseite des Durchströmapparates f. Kurz vor Eintritt in diesen durchfließt die Luft noch eine Rohrschlange, die in demselben Temperaturbad wie der Drosselapparat liegt. In diesem tritt die Luft durch den Drosselstopfen und fließt durch eine zweite ebenfalls als Druckausgleicher dienende Flaschenbatterie g zum Kompressor zurück. Bei den Versuchen mit hohen Temperaturen muß die Luft nach Austritt aus dem Drosselapparat durch eine Rohrschlange treten, die in einem von Leitungswasser durchströmten Wasserbad liegt und die Luft vor Eintritt in den Kompressor wieder auf Zimmertemperatur bringt. Bei den Versuchen mit tiefen Temperaturen ist ein Gegenstromapparat eingebaut, durch den die vom Kompressor kommende warme Luft durch die vom Apparat abströmende kalte Luft vorgekühlt wird.

Der Kompressor für 200 at Höchstdruck, für normal 160 Uml./min bei 100 mm Kolbenhub, ist ein mit Wasserkühlung und Wasserschmierung der Zylinder ausgestatteter dreizylindriger Torpedokompressor. Der Niederdruckzylinder I von 116 mm Dmr. saugt durch ein Wattefilter atmosphärische Luft an, verdichtet sie und gibt sie an den Hochdruckzylinder II von 38 mm Dmr. weiter. Zwischen beiden Zylindern liegt der Zylinder III von 48 mm Dmr., der nur die Bedienung des Luftkreislaufes zu besorgen, also den Druckunterschied zwischen den beiden Seiten der Drosselstelle herzustellen hat. Er hat eine sehr sorgfältige Kreuzkopfführung, da er noch bei 160 at Druck den Kreislauf der Luft bewerkstelligen, d. h. u. U. Luft von 150 auf 160 at komprimieren muß, was bei seinem verhältnismäßig großen Durchmesser erhebliche Kolbendrücke bedingt. Erst wenn der gewünschte Anfangsdruck erreicht ist, wird dieser Zylinder III eingeschaltet. Er saugt dann die Luft mit dem Druck der Niederdruckseite des Drosselapparates an und gibt sie mit 6 oder 8 oder 10 at höherem Druck an die Hochdruckseite des Apparates zurück. Zylinder I und II arbeiten voll nur bis zur Erreichung des nötigen Anfangsdruckes, dann laufen sie fast leer mit und ersetzen nur die nicht zu vermeidenden Undichtigkeitsverluste.

Die ganze Anlage war ausreichend mit Absperrvorrichtungen versehen, um bei Undichtwerden einer Verbindung oder bei notwendig gewordenem Ausbau des Drosselapparates rasch und mit möglichst geringen Verlusten der in den Rohrleitungen, Flaschenbatterien und Trockenflaschen vorhandenen Druckluft eingreifen zu können.

Beide Flaschenbatterien hatten Ein- und Auslaßventile.

Das Ansaugen der Luft konnte mit dem Ventil v_1 geregelt werden.

Zwischen Zylinder II und III des Kompressors befindet sich das T-Stück t, durch das nach Einschalten des Kreislaufes die von der Niederdruckseite und die vom Hochdruckzylinder II kommende Luft gemeinsam nach dem den Kreislauf betätigenden Zylinder III strömen. Der Rohrstrang, der von der Niederdruckseite zu dem T-Stück führte, wurde durch das Ventil v_{II} während des Aufpumpens der Anlage abgesperrt. Erst bei Einschalten des Kreislaufes wurde dies Ventil geöffnet. Ferner konnten die beiden Rohrstränge, die von Hoch- und Niederdruckseite des Drosselapparates zu den Federmanometern führten und durch ein Rohr miteinander verbunden waren, durch Schließen des Ventiles v_{III} voneinander getrennt werden. Während des Aufpumpens war dies Ventil geöffnet, bei Einschalten des Kreislaufes wurde es geschlossen. Mit ihm wurde der Druckunterschied zwischen Hoch- und Niederdruckseite dadurch geregelt, daß man eine kleine Luftmenge, die den Drosselstopfen nicht durchströmte, durch dies Ventil von der einen nach der anderen Seite des Apparates überströmen ließ. Der absolute Druck wurde durch das Ventil v_{IV} geregelt, durch das man einen Teil der Luft in die freie Außenluft übertreten lassen konnte.

Die Hauptregelung des absoluten Druckes mußte jedoch durch teilweises Schließen des Ansaugeventiles v_I vorgenommen werden; doch durfte man es nicht ganz absperren, da die Wasserschmierung für die Kompressorzylinder in die Ansaugeluft eingespritzt wurde.

Der Druckunterschied zwischen Hoch- und Niederdruckseite, der mit einem Quecksilber-Differentialmanometer gemessen wurde, konnte auf dreierlei Weise beeinflußt werden: Es konnte der Drosselstopfen durch Anziehen eines Gewinderinges r, Abb. 4 und 5, fester gepreßt werden; es konnte durch Erhöhung der Umlaufzahl des Kompressors die durch den Stopfen tretende Luftmenge und dadurch zugleich der Druckunterschied der beiden Seiten des Stopfens vergrößert werden; schließlich diente diesem Zweck das eben erwähnte Ventil v_{III}.

Beide Seiten des Hochdruck-Differentialmanometers konnten für sich vom Apparat abgesperrt und außerdem konnten sie durch ein weiteres Ventil v_V miteinander verbunden werden. Es war dadurch möglich, bei Einschaltung des Druckunterschiedes das Quecksilber im Manometer ganz langsam zum Steigen zu bringen.

2) Der Durchströmapparat, Abb. 4 und 5 (Drosselapparat)

besteht aus einem schmiedeisernen an einer Seite offenen Hohlzylinder h mit Flansch, auf dem ein Deckel i durch Schrauben befestigt wird. Aus einem Stück mit dem Deckel ist ein zweiter Hohlzylinder verfertigt, der beim Zusammenbau des Apparates in den

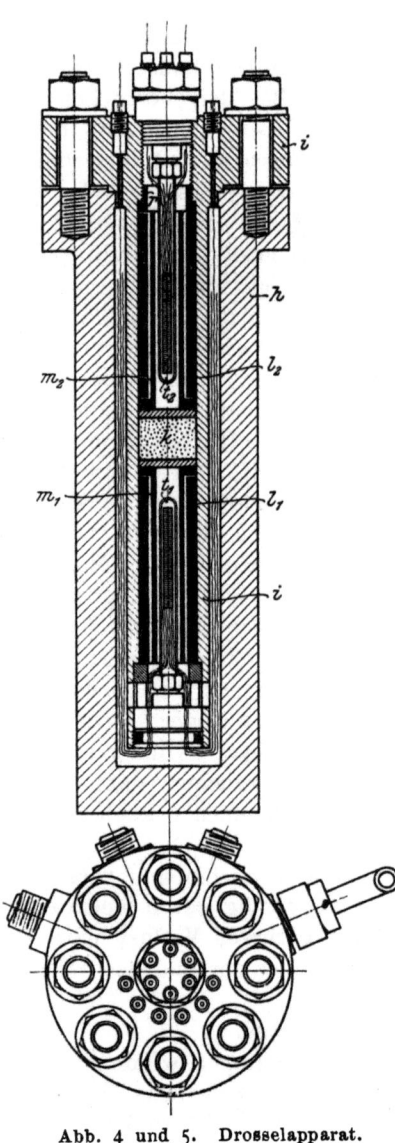

Abb. 4 und 5. Drosselapparat.

ersten Zylinder hineintritt und zur Aufnahme des Drosselstopfens k und der Thermometer t_1 und t_2 bestimmt ist. Die Abdichtung des Deckels machte bei normalen und bei tiefen Temperaturen auch bei 160 at Druck keine Schwierigkeiten, während bei den hohen Temperaturen mit allen gebräuchlichen Dichtungsstoffen gearbeitet wurde, ohne ein gelegentliches Blasen des Apparates ganz verhüten zu können. Am besten bewährte sich noch eine Weichbleidichtung. Der Gang der Luft im Apparat ist so, daß sie durch eine Bohrung im Flansch in den Zwischenraum zwischen den beiden Hohlzylindern oben eintritt, dort nach unten fließt und von unten in den inneren Hohlzylinder einströmt. In diesem umspült sie zuerst das Thermometer zur Messung der Hochdrucktemperatur, tritt dann durch den Drosselstopfen und verläßt an dem Thermometer für die Niederdrucktemperatur vorbei durch eine Bohrung im Deckel den Apparat. Im Deckel und im Flansch des äußeren Zylinders ist noch je eine weitere Bohrung zum unmittelbaren Anschluß des Quecksilber-Differential-Manometers angebracht. Der Apparat ist so berechnet, daß er bei 500° C noch einem Probedruck von 250 at standhalten kann. Um ein rasches Eintreten des Beharrungszustandes der Temperaturverteilung zu gewährleisten, wurde er ohne jede äußere Isolierung in die Temperaturbäder gebracht.

3) Die Drosselstelle.

Zur Erzielung des adiabatischen Verlaufs der Versuche wurden besondere Vorkehrungen getroffen, um zu verhindern, daß infolge des Temperaturunterschiedes zwischen Hoch- und Niederdruckseite Wärme durch die den Drosselstopfen umgebenden Apparateteile hinüberströmt. Erstens wurde das Eisenrohr, in dem die Luft von und zum Drosselstopfen strömte, mit 5 mm starken Isolierrohren l_1 und l_2 ausgekleidet, die bei den tiefen Temperaturen aus Hartgummi, bei den hohen Temperaturen aus Porzellan bestanden. Bei der Wahl des Isolierstoffes wurden die von Dr. Vogel bei seinen Versuchen gemachten Erfahrungen verwertet. Ferner wurde durch je ein weiteres Isolierrohr m_1 und m_2 aus dem gleichen Stoff eine Teilung des Gasstromes in der Weise herbeigeführt, daß zwischen den beiden Isolierrohren ein Ringraum von 2 mm Stärke gebildet wurde. Die in demselben strömende Luft wurde nicht zur Temperaturmessung herangezogen. Nur der Teil des Gasstroms, der im inneren Isolierrohr strömte, umspülte die Thermometer. Dadurch wurde erreicht, daß die geringe Wärme- oder Kältemenge, die das äußere Isolierrohr noch durchdrang, von dem äußeren Luftstrom aufgenommen wurde und eine merkliche Temperaturänderung des inneren Isolierrohres, die den Kühleffekt hätte beeinflussen können, hintangehalten wurde.

Der Drosselstopfen k bestand aus Asbest, hatte 40 mm Dmr. und rd. 23 mm Dicke und wurde zwischen zwei mit Löchern versehenen Platten aus dem gleichen Stoff wie die Isolierrohre festgehalten. Außerdem war es möglich, ihn durch mehr oder weniger festes Zuschrauben des Gewinderinges r verschieden stark zusammenzupressen. Eine gewisse Wärmeübertragung durch Leitung im Stopfen selbst von der Hoch- nach der Niederdruckseite ließ sich nicht ganz ausschalten. Untenstehende Berechnung möge jedoch zeigen, daß der Einfluß der Wärmeleitung so klein gehalten werden konnte, daß er das Ergebnis nicht beeinflußt.

Das Beispiel sei für den ungünstigsten Fall, nämlich für niedrigen Druck und für die tiefste, beim Versuch angewandte Temperatur von —55° C durchgeführt. Es sei angenommen, daß der Beharrungszustand der Temperatur eingetreten ist. Ist Q die durch Leitung übertragene Wärmemenge, $F = 0{,}00126$ der Querschnitt in qm, $d = 0{,}023$ die Dicke des Stopfens in Meter, $\lambda = 0{,}22$ WE/st m °C die Wärmeleitzahl des Asbestes (nach Gröber[1])) bei dem Raumgewicht von 760 kg/cbm, t_1 und t_2 die Temperaturen auf Hoch- und Niederdruckseite, deren Unterschied in diesem Falle etwa 3^0 C betrug, so ist

$$Q = F\lambda \frac{t_1 - t_2}{d}$$

$$Q = 0{,}00126 \cdot 0{,}22 \cdot \frac{3}{0{,}023}$$

$$Q = 0{,}0378 \text{ WE/st.}$$

Die stündlich durchströmende Luftmenge V betrug bei der minutlichen Umlaufzahl des Kompressors von 160 bei 100 mm Hub und 48 mm Dmr. des Zylinders III

$$V = 1728 \text{ ltr/st.}$$

Die Luft von der Kühlwassertemperatur von etwa 10^0 C und 25 at Druck hat ein spezifisches Gewicht

$$s = 0{,}030 \text{ kg/ltr.}$$

Die spezifische Wärme der Luft von -55^0 C und 25 at Druck ist

$$c = 0{,}24 \text{ WE/kg °C.}$$

Die stündlich durchtretende Luftmenge kann also durch die infolge Wärmeleitung übertragene Wärmemenge eine Temperaturerhöhung γ erfahren von

$$\gamma = \frac{Q}{Vsc} \text{ °C}$$

$$\gamma = \frac{0{,}0378}{1728 \cdot 0{,}030 \cdot 0{,}24} \text{ °C}$$

$$\gamma = 0{,}0030^0 \text{ C.}$$

Das ist etwa 1 vT der eintretenden Abkühlung. Bei höheren Drücken wird dies Verhältnis noch wesentlich günstiger, da mit Zunahme des Druckes der Temperaturunterschied $(t_1 - t_2)$ abnimmt, das Luftgewicht Vs aber zunimmt. Bei höheren Temperaturen nimmt ebenfalls der Temperaturunterschied ab.

4) Die Vorrichtungen zur Erzielung der Eintrittstemperaturen der Luft.

Zur Erzielung von verschiedenen Eintrittstemperaturen waren bei dem großen Temperaturbereich, über das sich die Versuche erstreckten, drei verschiedene Apparate notwendig. Für die Temperaturen über 0^0 C wurde ein Oelthermostat verwendet; die Temperaturen unter 0^0 C wurden mittels tiefsiedender Flüssigkeiten erzeugt; für 0^0 C erwies sich ein sehr einfacher Eisthermostat als ausreichend.

a) Der Oelthermostat

bestand aus einem Behälter aus Stahlblech von 300 mm Dmr. und 600 mm Höhe. Er stand auf drei Füßen, die mit Schrauben versehen waren, um den Oelspiegel wagerecht einstellen zu können, hatte doppelten Mantel und war mit Rührwerk und mit Einrichtung für Gas- und elektrische Heizung ausgerüstet. Das Rührwerk, das durch einen kleinen Elektromotor mittels Schnurlaufs angetrieben wurde, bestand aus einer kleinen in einem Stahlzylinder untergebrachten Turbine. Auf diesem Stahlzylinder war der elektrische Heizkörper unmittelbar

---

[1] H. Gröber, Z. d. V. d. I. 1910 S. 1319.

angebracht, indem ein Widerstandsband aus Nickelinplätt in engen Windungen um ihn herumgelegt und durch Glimmer von dem Rohr isoliert war. Es wurde dabei eine sehr gute Wärmeübertragung an das Oel erzielt und lokale Ueberhitzungen des Bades vermieden. Der Heizkörper war so berechnet, daß er für mäßige Temperaturen allein genügte, während für höhere Temperaturen die Hauptheizung durch eine aus sechs großen Bunsenbrennern bestehende Heizbatterie erfolgen und der elektrische Heizkörper nur zur feinen Temperaturregelung verwendet werden sollte. Die Abgase der Gasbrenner strömten durch den doppelten Mantel des Oelbades ab, wodurch eine gute Wärmeausnutzung erzielt wurde. Bei der elektrischen Heizung diente der Luftmantel zur Verbesserung der Wärmeisolierung. Diese wurde in erster Linie durch Asbestschläuche, die mit Asbestwolle gefüllt und um den äußeren Mantel des Oelbades herumgelegt waren, erzielt. Als Badflüssigkeit diente bei mäßigen Temperaturen gewöhnliches Maschinenöl, während bei hohen Temperaturen Heißdampfzylinderöl verwendet wurde, das sich auch bei den Dauerversuchen bei 250° C noch gut bewährt und keine merkliche Rauch- und Geruchbelästigung hervorgerufen hat.

In das Oelbad wurde der Drosselapparat eingebaut. Außerdem befand sich in dem Bad noch eine 12 m lange Rohrschlange, die um den Drosselapparat herumgelegt war und von der Luft vor Eintritt in den Drosselapparat durchströmt wurde. An das Oelbad schloß sich eine lange weitere Rohrschlange an, die sich in einem Wasserbad befand, das ständig von Wasserleitungswasser durchströmt wurde. Es wurde dadurch erreicht, daß die heiße Luft nach Austritt aus dem Drosselapparat wieder auf Zimmertemperatur gebracht und so an den Kompressor zurückgeliefert wurde.

b) Der Kältethermostat, Abb. 6, 7 und 8.

Die Vornahme von Versuchen bei tiefen Temperaturen machte es nötig, einen Kühlapparat zu konstruieren, mit dem es möglich war, stundenlang die tiefen Lufteintrittstemperaturen gleichmäßig zu erhalten. Die Kühlung des Drosselapparates und einer Rohrschlange, welche die Luft vor Eintritt in den Apparat durchströmen mußte, sollte durch das Verdampfen tiefsiedender Flüssigkeiten geschehen. Es war also erforderlich, den Drosselapparat druckdicht in einen Behälter einzusetzen, der diese Flüssigkeiten aufzunehmen imstande war. Da sie mit Zimmertemperatur eingefüllt werden mußten, mußte er erhebliche Drücke aushalten können. Als Kühlflüssigkeiten wurden bei der Konstruktion Ammoniak, Kohlensäure und Stickoxydul oder Aethan in Betracht gezogen, da geplant war, bei den Versuchen, wenn irgend möglich, bis zu rd. —100° C herabzugehen. Der Dampfdruck der letztgenannten Gase beträgt bei Zimmertemperatur rd. 60 at, für welchen Druck der Behälter berechnet wurde. Außerdem mußte er genügende Mengen der Flüssigkeiten aufnehmen können, um mit nur kleinen Nachfüllungen, welche den Beharrungszustand nicht störten, eine lange Versuchsdauer zu ermöglichen.

Der Kältethermostat bestand aus dem Behälter l zur Aufnahme der Kühlflüssigkeit, einer in ihn eingeschweißten Rohrschlange m und aus dem Gegenstromapparat n. Der Behälter hatte 23 cm Dmr. und 36 cm Höhe und konnte rd. 10 ltr Kühlflüssigkeit aufnehmen. Er war autogen geschweißt und trug in seinem oberen Flansch Stiftschrauben, mittels deren der Drosselapparat D, der als oberes Verschlußstück eingesetzt wurde, druckdicht auf ihm befestigt werden konnte. Dabei legte sich ein loser Flanschring o auf die Deckelschrauben des Drosselapparates auf. Als Dichtungsstoff wurde Blei

Abb. 6. Der Drosselapparat im Kältethermostat.

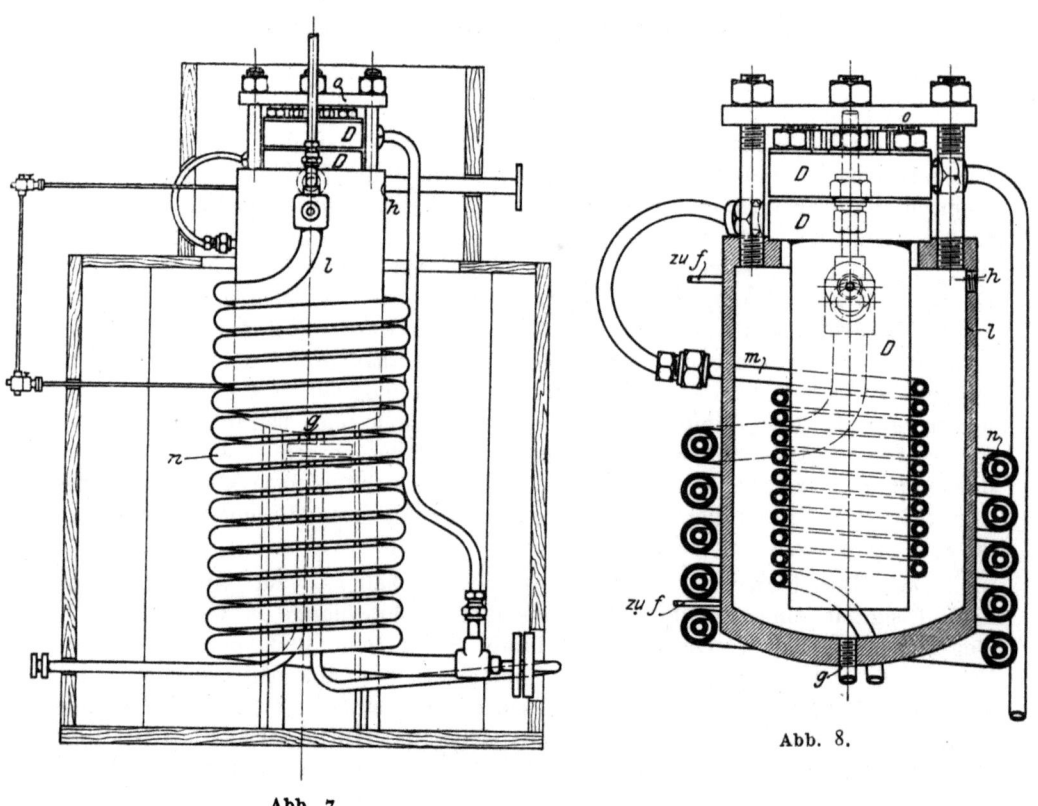

Abb. 7.

Abb. 8.

benutzt. Der Behälter hatte zwei kleine Bohrungen zur Aufnahme des Flüssigkeitstandes f, einen Manometeranschluß sowie am Boden die Einfüllöffnung g für die Kühlflüssigkeit und an der höchsten Stelle den Abzug h für die Gase. Alle Anschlüsse an den Behälter konnten durch Ventile abgesperrt, der Gasabzug außerdem durch ein Nadelventil fein geregelt werden. Ferner wurde noch die Temperatur der Kühlflüssigkeit durch ein mittels einer Stopfbüchse eingeführtes Thermoelement, die Temperatur des austretenden Gases durch ein Quecksilberthermometer gemessen. Diese beiden Temperaturangaben boten im Verein mit der Ablesung am Manometer den Anhalt für die Erreichung des gewünschten Beharrungszustandes.

Der Gegenstromapparat sollte als Temperaturwechsler dienen. Er war um den Behälter herum gelegt und bestand aus einer Rohrschlange, die durch zwei ineinander liegende Kupferrohre gebildet war. Durch das innere Rohr strömte die Luft dem Drosselapparat zu und wurde dabei durch die aus ihm austretende kalte Luft vorgekühlt. Der Gegenstromapparat war durch gütige Vermittlung des Hrn. Dr. Richard Linde von der Gesellschaft für Lindes Eismaschinen in Wiesbaden in dankenswerter Weise für die Versuche überlassen worden.

Der Kältethermostat mußte aufs wirksamste isoliert werden, um bei den großen Temperaturunterschieden zwischen dem Behälter und der Außenluft übermäßige Kälteverluste zu vermeiden. Er war deshalb bis zu 80 cm Höhe mit einem in der Mitte senkrecht geteilten sechseckigen Holzmantel umgeben, der mit dem besten zu erhaltenden Isolierstoff, mit Expansitschrot von 1 mm Körnung der Firma Grünzweig & Hartmann in Ludwigshafen angefüllt war. Der Holzmantel war so groß bemessen, daß eine etwa 200 mm starke Isolierschicht vorhanden war. Auf dem unteren Holzmantel setzte sich ein zweiter, runder, ebenfalls senkrecht geteilter Holzmantel auf, der 50 cm Dmr. hatte und auch mit Expansitschrot angefüllt war. Diese Teilung der Isolierung in der Höhe war erforderlich, um die oberen Teile des Apparates, die häufig nachgesehen und an denen auch oft während des Versuches kleinere Arbeiten, wie Nachziehen der Schrauben usw., vorgenommen werden mußten, rasch abisolieren zu können, ohne eine zu lange andauernde Störung des Beharrungszustandes während des Versuches hervorzurufen.

Der beschriebene Kältethermostat bewährte sich bei den Versuchen sehr gut; besonders bei den Versuchen mit Ammoniakkühlung war es möglich, die Temperatur stundenlang gleich zu halten. Der Gegenstromapparat arbeitete dabei so wirksam, daß nach Erreichung des Dauerzustandes nur mehr ganz geringe Ammoniakmengen verdampften.

c) Der Eisthermostat

wurde in der einfachsten Weise hergestellt. Er bestand aus einem großen runden Holzgefäß[1]), das mit einem Gemisch von zerschlagenem Eis und Wasser angefüllt war und in das der Durchströmapparat und die für die Versuche bei hohen Temperaturen benutzte große Rohrschlange eingebaut wurde.

5) Die Meßeinrichtungen

zerfielen in

a) die Einrichtung zur Messung der absoluten Drücke auf Hoch- und Niederdruckseite,

---

[1]) Es wurde ein leeres Oelfaß benutzt, das oben abgeschnitten war.

b) die Vorrichtung zur Messung des Druckunterschiedes auf beiden Seiten,
c) die Anordnung zur Temperaturmessung

a) Die absoluten Drücke wurden durch Hochdruckmanometer, sogenannte Hydraulikmanometer, von Schäffer & Budenberg in Magdeburg gemessen. Die Manometer waren teils in $^1/_1$, teils in $^1/_2$ at geteilt, so daß eine hohe Meßgenauigkeit erzielt werden konnte. Allerdings zeigte sich sehr bald, daß die Manometer dem langen Dauerbetrieb nicht vollkommen gewachsen waren, so daß es notwendig war, sie häufig mit Normalinstrumenten zu vergleichen und zum Teil neue Einteilungen der Skalen vornehmen zu lassen. Auf diese Weise konnte eine gute Messung der absoluten Drücke erzielt werden.

b) Die Messung des Druckunterschiedes von Hoch- und Niederdruckseite, die eine Genauigkeit von wenigen Zentimetern Quecksilbersäule erforderte, wurde mit dem von E. Vogel bereits beschriebenen Differentialquecksilber-Manometer vorgenommen. Das Instrument bestand aus zwei im Keller und im Dachgeschoß des Laboratoriums aufgestellten Stahlgußgefäßen, die durch ein nahtloses Stahlrohr von 9 mm lichter Weite verbunden waren. Dieses Rohr tauchte in das Quecksilber ein, mit dem das untere Gefäß gefüllt war. Zwei weitere nahtlose Stahlrohre verbanden das untere und das obere Gefäß mit der Hoch- und der Niederdruckseite des Drosselapparates. An dem Standrohr waren in Entfernungen, die 6, 8 und 10 kg/qcm Druckhöhe entsprachen, absperrbare Flüssigkeitstände angebracht, an denen der jeweilige Stand der Quecksilbersäule durch einen elektrischen Kontakt angezeigt wurde. Diese Anzeigevorrichtung war so angeordnet, daß durch einen Graphitstab, der einen hohen spezifischen Widerstand besitzt und der in den Flüssigkeitstand elektrisch isoliert eingebaut war, der Strom eines 4 V-Akkumulators geschlossen wurde, sobald das Quecksilber den Graphitstab berührte. Der Stromschluß wurde an einem Millivoltmeter angezeigt, an dem auch abgelesen werden konnte, wie hoch das Quecksilber an dem Stab in die Höhe gestiegen war, da dadurch ein Teil des Widerstandes des Graphitstabes ausgeschaltet und der Batteriestrom verstärkt oder geschwächt wurde. Die Eintauchtiefe des Graphitstabes wurde später empirisch festgestellt, indem der Stab in ein mit Quecksilber gefülltes Glasrohr eingesetzt und durch Veränderung der Quecksilberhöhe in diesem Rohr der beim Versuch erzielte Instrumentausschlag wieder erzeugt wurde. Die zugehörige Eintauchtiefe wurde dann an einer Mattglasskala abgelesen. Diese Eichung mußte ziemlich häufig vorgenommen werden, da oft kleine Teilchen des Quecksilbers am Graphit hängen blieben und die Messung störten, wodurch das Herausnehmen, Reinigen und Neueichen des Graphitstabes erforderlich wurde. Es wird deshalb bei der Fortsetzung der Versuche zu der schon früher versuchten unmittelbaren Ablesung mittels Glasquecksilberständen übergegangen. Die Ueberwindung des hohen Innendruckes soll dabei durch Klingersche Reflexionsflüssigkeitstände mit Stahlgußgehäusen ermöglicht werden.

Zur Messung der Gesamthöhe der Quecksilbersäule war längs des Manometers eine eiserne Meßlatte angebracht, die von 10 zu 10 cm geteilt war und auf der mittels eines Schlittens ein Lineal verschoben werden konnte.

c) Die Temperaturmessung wurde durch Platin-Widerstandsthermometer, Abb. 9, vorgenommen. Es kamen zwei Thermometer zur Verwendung, deren Widerstandspulen im Jahre 1908 in der Werkstätte des Laboratoriums angefertigt waren. Sie bestanden aus chemisch reinem Platindraht von 0,1 mm Dmr., der von W. C. Heräus in Hanau geliefert und in üblicher Weise auf Glimmerkreuze aufgewickelt war. Da nicht nur die Temperatur des Hochdruck- und des Niederdruckthermometers allein, sondern auch unmittelbar der Unterschied der beiden Temperaturen gemessen werden mußte, so schlossen sich an jedes Ende der Widerstandspulen drei Zuführungsdrähte aus Platin von 0,3 mm Stärke an, so daß also jedes Thermometer im ganzen sechs Zuleitungen hatte.

Die Widerstandspulen waren in Glasrohre eingeschmolzen, die mit Stickstoff unter Druck gefüllt waren. Es war dies eine Vorsichtsmaßregel, da Vorversuche gezeigt hatten, daß bei den hohen Temperaturen Thermometer, bei denen die heiße Luft an den Platindrähten vorbeiströmen konnte, eine beträchtliche, bleibende Aenderung ihres Widerstandes erfuhren. Die Füllung unter Druck wurde deshalb gewählt, um infolge der hierdurch vergrößerten Dichte des Füllgases die Wärmeübertragung zu verbessern und um bei hohen Außendrücken und tiefen Temperaturen die sehr große Druckbeanspruchung der Glasrohre etwas zu vermindern. Die Zuführdrähte waren beim Austritt aus den Glasrohren mit diesen verschmolzen und wurden dann durch kleine Stopfbüchsen, die in dem Kopf des Niederdruckthermometers und in dem Deckel des Drosselapparates angebracht waren, aus dem Apparat herausgeführt. Als Packung der Stopfbüchsen dienten Glimmer- und Asbestscheibchen, die in großer Menge aufeinander gelegt wurden. Bei hohen Temperaturen und hohem Innendruck war ein vollkommenes Abdichten aller Stopfbüchsen für die ganze Versuchsdauer nicht zu erzielen. Ein anderer Packstoff konnte jedoch nicht verwendet werden, da er gleichzeitig elektrisch isolieren mußte. Dadurch kam es, daß die eine oder die andere der Stopfbüchsen zeitweise etwas blies, was sich durch Thermoströme, die in den Platindrähten selbst auftraten (sogenannte Thomson-Effekte) sehr unangenehm bemerkbar machte und ebenso wie die Luftströmung in der Nähe des heißen Apparates besondere Abwehrmaßregeln erforderte. So wurden bei den Versuchen mit hohen Temperaturen über die einzelnen Platinzuführungsdrähte beim Heraustreten aus den Stopfbüchsen Haarröhrchen aus Glas und darüber weitere Glasrohre gesteckt und das, bei im ganzen 12 Zuführungen für die beiden Thermometer, entstehende Rohrbündel gut mit Asbest zugepackt.

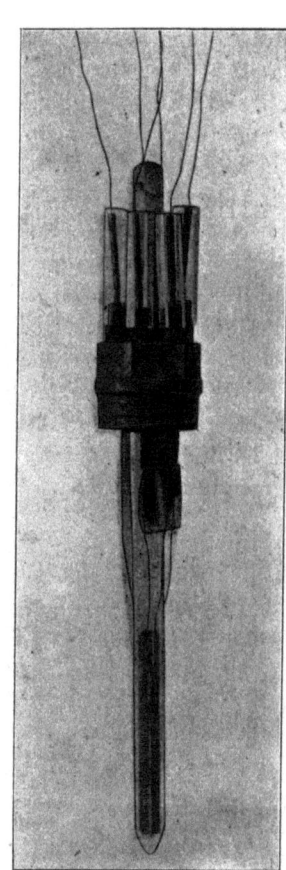

Abb. 9.

Damit die 0,3 mm starken Platindrähte nicht abrissen oder sich verwirrten, wurden sie über der Mitte des Durchströmapparates nochmals in einer runden Hartgummiplatte, die auf einem Glasstab befestigt war und die erforderlichen Bohrungen aufwies, durch Glasröhrchen geführt. Ferner wurden die Platinzuführungen zu den Thermometern noch bis rd. 20 cm von der Mitte des Apparates fortgeführt und erst dort in einer langen Hartgummileiste, die die entsprechenden Bohrungen hatte, an Kupferdrähte angeschlossen. Die Verbindungsstellen Platin-Kupfer wurden mit Asbest und Seide gut isoliert. Hierdurch gelang es, schädliche Thermokräfte zu vermeiden, die überdies durch Kommutierung des Meßstromes eliminiert wurden (s. unten S. 19). Schnelle Schwankungen der Thermoströme, die die Messung unmöglich gemacht hätten, konnten hierdurch fast immer verhindert werden.

Andere Erscheinungen, die wieder andere Abwehrmaßregeln erforderten, traten bei den Versuchen mit tiefen Temperaturen an den Thermometerzuführungen auf, wenn hierdurch auch die Temperaturmessung wesentlich weniger gestört wurde.

So trat bei den ersten derartigen Versuchen plötzlich ein Versagen der Widerstandsmessung ein, und es zeigte sich, daß dies dadurch hervorgerufen war, daß sich trotz der Isolierung soviel Schnee aus der im Beobachtungsraum enthaltenen Luftfeuchtigkeit an dem kalten Apparat und zwischen den einzelnen Platindrähten gebildet hatte, daß ein elektrischer Nebenschluß eintrat. Dies wurde dann dadurch verhindert, daß über die zwölf Thermometerzuführungsleitungen ein weites Hartgummirohr gesteckt und rd. 10 cm hoch mit Paraffin aufgefüllt wurde. Weitere Störungen durch Schneebildung konnten dann nicht mehr eintreten, doch erschwerte der auf dem Apparatdeckel gebildete Paraffinzylinder etwas die Zugänglichkeit zum Apparat.

Die Thermometerspulen hatten bei 0° C einen Widerstand von etwa 24 Ohm und wurden mit 2 bis 4 Milliampere belastet. Der Widerstand wurde nach dem von Kohlrausch[1]) angegebenen Verfahren des übergreifenden Nebenschlusses gemessen, das sowohl die erforderliche Meßgenauigkeit erwarten ließ als sich auch für die hier erforderliche Differenzmessung gut eignete.

Hierbei dienten je zwei Zuleitungsdrähte der Thermometer zur Stromzuführung und -ableitung, je zwei zur Spannungsmessung, während je zwei weitere Drähte dazu dienten, den Thermometern je einen veränderlichen Präzisionswiderstand parallel zu legen. Die letztere Maßnahme, die allerdings die Anordnung erschwerte, war erforderlich zur unmittelbaren Messung des Temperaturunterschiedes der beiden Thermometer. Denn während bei der Messung der Hoch- und Niederdrucktemperatur der Widerstand jedes Thermometers mit einem Vergleichswiderstand verglichen wurde, wurden bei der Differenzmessung beide Thermometer unmittelbar miteinander in Vergleich gesetzt, wobei die parallel geschalteten Widerstände zur Abgleichung nötig waren.

Benutzt wurden zu den Messungen ein Differential-Galvanometer sowie zwei Präzisionsstöpselwiderstände von Edelmann in München und eine Präzisionskurbelbrücke von O. Wolff in Berlin.

Das bei den Versuchen verwendete Schaltungsschema ist in Abb. 10 dargestellt.

Hierin bedeuten:

e einen als Stromquelle verwendeten 2 V-Akkumulator,

R_1 einen Vorschaltwiderstand zur Regelung der Meßstromstärke und dadurch der Meßempfindlichkeit; er wurde entweder mit 500 oder 1000 Ohm bemessen, so daß sich die Strombelastung zu 4 und 2 Milliampere ergibt,

th_1 das Thermometer zur Bestimmung der Lufttemperatur auf Niederdruckseite,

th_2 dasselbe Instrument für die Hochdruckseite,

R_2 die dem Niederdruckthermometer parallel gelegte Präzisionskurbelbrücke,

R_3 die dem Hochdruckthermometer parallel gelegte Stöpselbrücke,

---

[1]) F. Kohlrausch, Wied. Anal. 1883 (20) S. 76.

R_4 den Präzisionswiderstand, mit dem jedes der Thermometer verglichen werden konnte,

s_1 einen einfachen Stromwender, der nur bei der Kontrolle der Schaltung aber nicht mehr bei den Beobachtungen selbst verwandt wurde,

s_2 eine von v. Steinwehr[1]) angegebene 10näpfige Wippe, die es durch einfaches Umlegen ermöglichte, den Strom zu wenden.

Ferner ist in den Meßstromkreis ein Momenteinschalter m eingebaut, der gestattet, im Verein mit einer starken Schwächung des Stromes durch den Widerstand R_1, bei Beginn der Messung starke Stöße auf das Galvanometer zu verhindern. Er konnte dauernd festgeklemmt werden, sobald die Abgleichung der Widerstände annähernd erreicht war.

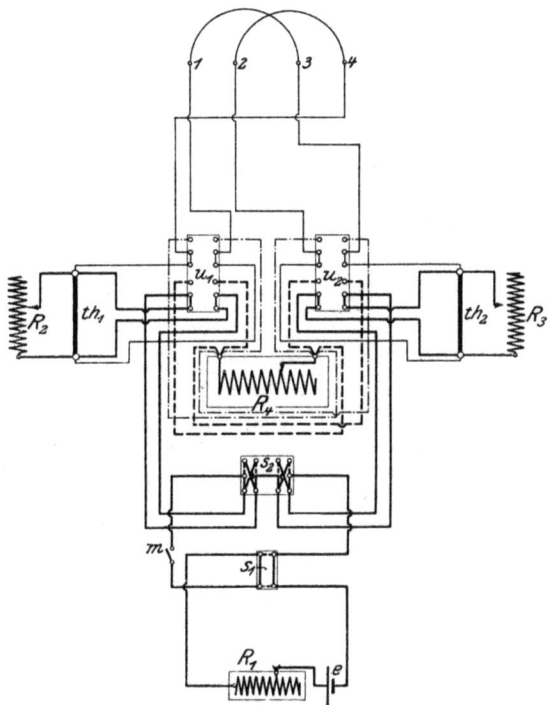

Abb. 10. Schaltungsschema.

Zu dieser Schaltung gehörten noch zwei Umschalterpaare u_1 und u_2. Sie dienten dazu, entweder die beiden Thermometer unter sich (in der Abbildung gezeichnete Stellung) oder je ein Thermometer mit dem Vergleichswiderstand R_4 zu vergleichen. Jeder Umschalter bestand aus zwei miteinander gekuppelten Wippen, von denen die eine die Umschaltung des Meßstroms, die andere die der Galvanometeranschlüsse besorgte. Auch konnten damit zum Zweck der Dämpfung die beiden Galvanometerspulen kurz geschlossen werden. Das Prinzip der Schaltung ist dies, daß die zwei miteinander in Vergleich gesetzten Widerstände einander gleich sind, wenn bei der Kommutierung des Meßstromes keine Aenderung am Ausschlag des Differentialgalvanometers entsteht. Die Größe des Galvanometerausschlages konnte noch durch einen, in eine der Zuleitungen eingebauten, unmittelbar vor den Galvanometerklemmen liegenden Ballastwiderstand verändert werden.

---

[1]) Jäger, Zeitschr. für Instrumentenkunde 1904 S. 288.

Durch die beschriebene Anordnung wird der Widerstand der Zuleitungsdrähte ausgeschaltet. Davon ausgenommen sind nur die von den Thermometern zu den parallel gelegten Widerständen geführten Zuleitungen. Da jedoch die Widerstände dieser Leitungen sehr klein sind im Verhältnis zu den Werten in den Rheostaten, da sie ferner bei den verschiedenen Temperaturen des Drosselapparates bestimmt und in die Rechnung eingeführt wurden, so entstand dadurch keine Minderung der Meßgenauigkeit.

Der Meßstrom wurde immer nur solange, wie zur Messung unbedingt erforderlich war, eingeschaltet, um schädliche Erwärmungen der Thermometerspulen zu verhindern.

Um die Temperaturen aus den Widerständen zu berechnen, wurden in der üblichen Weise die Callendarschen Formeln verwendet.

Man bezeichnet mit

W_t den Platinwiderstand bei t °C,
W_{100} » » » 100° C,
W_0 » » » 0° C,
tp die sogenannte »Platintemperatur«, d. h. diejenige Temperatur welche sich aus den Widerständen W_t, W_{100} und W_0 unter der Annahme berechnet, daß der Widerstand linear von der Temperatur abhängig sei,
δ die sogenannte »Platinkonstante«, eine Größe, mit deren Hülfe aus der Platintemperatur tp in der unten angegebenen Weise die wahre Temperatur t berechnet werden kann.

Dann lauten die Callendarschen Formeln:

$$tp = 100 \frac{W_t - W_0}{W_{100} - W_0} \qquad \qquad (1),$$

oder

$$tp = \frac{W_t}{\alpha W_0} - \frac{1}{\alpha},$$

wobei

$$\alpha = \frac{W_{100} - W_0}{100 \, W_0}$$

die »Temperaturzahl« der Platinsorte bedeutet,

$$t - tp = \delta \frac{t}{100} \left(\frac{t}{100} - 1 \right) \qquad \qquad (2).$$

Die sogenannte »Platinkonstante« δ ist eine für die einzelnen Platinsorten verschiedene, aber feste Größe, die für eine Platinsorte nur einmal bestimmt zu werden braucht. Ebenso ist die Temperaturzahl ein sich nur unbedeutend verändernder Wert, während die Größe W_0 größeren Aenderungen im Laufe der Zeit unterworfen sein kann und deshalb sehr häufig geprüft werden muß.

Die Callendarschen Formeln nehmen an, daß der Widerstand eine quadratische Funktion der Temperatur ist, was nach den neuesten ausgedehnten Untersuchungen von Henning[1]) in der Physikalisch-Technischen Reichsanstalt in Berlin zwischen + 600 und − 40° C auch genau zutrifft. Für Temperaturen unter − 40° C sind diese Formeln nicht mehr streng gültig, es ist vielmehr nötig, hierfür eine neue, ebenfalls quadratische Gleichung aufzustellen, die etwa durch Bestimmung der Temperaturen des schmelzenden Eises, des Kohlensäure-Aetherschnees und des siedenden Sauerstoffes gefunden werden kann.

Hier sei sogleich bemerkt, daß solche Gleichungen auch für die bei den Versuchen benutzten Thermometer aufgestellt wurden. Da jedoch nach Ein-

---

[1]) F. Henning, Ann. d. Phys. 1913, 40, S. 635.

bau der Thermometer in die schweren Stahlfassungen eine beträchtliche Veränderung des Widerstandswertes bei 0° C eintrat, so wurde von einer nochmaligen Eichung bei tiefen Temperaturen, die einen Abbau der Spulen von den Fassungen nötig gemacht hätte, abgesehen und die bis — 40° C streng richtigen Formeln bis — 55° C extrapoliert. Die angeführten Untersuchungen Hennings hatten nämlich gezeigt, daß bei dieser Temperatur die Abweichung des extrapolierten Wertes von der wahren Temperatur nur rd. 0,01° C beträgt. Da es bei unseren Versuchen nur auf die große Genauigkeit der Differenzmessung ankommt und sich dabei dieser kleine Fehler auch noch ganz heraushebt oder verschwindend klein wird, so bedeutet diese Maßnahme keine Verminderung der Meßgenauigkeit.

Die Bestimmung der Konstanten δ und α für die beiden Thermometer wurden aus Beobachtungen bei den Temperaturen des schmelzenden Eises, des siedenden Wassers und des siedenden Schwefels vorgenommen.

Das Eis wurde aus destilliertem Wasser hergestellt. Als Schwefelsiedepunkt wurde noch der alte Wert 444,71° C zugrunde gelegt. Da es sich um Differenzmessungen handelt, außerdem die Messungen erheblich unter der Temperatur des Schwefelsiedepunktes blieben, hat die durch Holborn und Henning[1]) festgestellte Tatsache, daß der Schwefelsiedepunkt 0,2° tiefer, also bei 444,51° C liegt, keinen Einfluß auf die Ergebnisse.

Die Widerstände wurden, nachdem die Thermometer wiederholt auf 500° C erhitzt in Eis und in Kohlensäureätherschnee gebracht waren, gemessen. Nachdem die Platinkonstanten bestimmt waren, wurden die Thermometer in ihre Stahlfassungen eingesetzt und neuerdings die Widerstände oftmals bei den Temperaturen des schmelzenden Eises und des siedenden Wassers nachgeprüft. Diese Beobachtungen wurden eine Reihe von Wochen hindurch und auch zwischen den Versuchsreihen häufig vorgenommen. Außer der schon oben erwähnten Aenderung des Eispunktes, nach einer ersten Versuchsreihe bei rd. — 30° C, wurden keine wesentlichen Veränderungen wahrgenommen.

Die Konstanten der beiden Thermometer ergaben sich für das Niederdruckthermometer zu

$$\delta = 1{,}5571, \quad \alpha = 0{,}00391503, \quad W_0 = 23{,}9780,$$

für das Hochdruckthermometer zu

$$\delta = 1{,}5046, \quad \alpha = 0{,}00391589, \quad W_0 = 24{,}7825.$$

Werden diese Größen in die Callendarschen Formeln eingesetzt, dann können die Temperaturen auf Nieder- und Hochdruckseite nach folgenden Gleichungen berechnet werden.

Für Niederdruckseite:

$$tp = \frac{W_t}{0{,}0039150 \cdot 23{,}9780} - \frac{1}{0{,}0039150} \quad \cdots \cdots (3)$$

$$t - tp = 1{,}5571 \left(\left(\frac{t}{100}\right)^2 - \frac{t}{100}\right) \quad \cdots \cdots (4).$$

Für Hochdruckseite:

$$tp = \frac{W_t}{0{,}0039159 \cdot 24{,}7825} - \frac{1}{0{,}0039159} \quad \cdots \cdots (5)$$

$$t - tp = 1{,}5046 \left(\left(\frac{t}{100}\right)^2 - \frac{t}{100}\right) \quad \cdots \cdots (6).$$

Zur unmittelbaren Berechnung des Temperaturunterschiedes diente eine Formel, die sich aus folgenden Betrachtungen ergab.

---
[1]) **Holborn und Henning**, Ann. d. Phys. 1911, 35, S. 761.

Es seien WN, WN_0 und WN_{100} die Widerstandswerte des Niederdruckthermometers bei t, 0 und 100° C, WH, WH_0 und WH_{100} die den Temperaturen $t + \Delta t$, 0 und 100° C entsprechenden Werte des Hochdruckthermometers; tp die zu t gehörige Platintemperatur des Niederdruckthermometers, endlich Δt und Δtp der gesuchte Temperaturunterschied und Unterschied der Platintemperaturen zwischen Hoch- und Niederdruckseite. Dann ist auf Niederdruckseite:

$$tp = 100 \frac{WN - WN_0}{WN_{100} - WN_0} \quad \ldots \ldots \ldots (7),$$

auf Hochdruckseite:

$$tp + \Delta tp = 100 \frac{WH - WH_0}{WH_{100} - WH_0} \quad \ldots \ldots (8).$$

Setzt man tp aus Gl. (7) in Gl. (8) ein, so erhält man

$$\Delta tp = \frac{100\left[(WH - WN) - (WH_0 - WN_0)\right]}{WH_{100} - WH_0} - \left[1 - \frac{WN_{100} - WN_0}{WH_{100} - WH_0}\right] \quad \ldots (9).$$

Nun ist außer Δtp noch Δt zu berechnen, was durch folgende Gleichungen möglich ist:

$$t - tp = \delta_N \left(\left(\frac{t}{100}\right)^2 - \frac{t}{100}\right)$$

$$(t + \Delta t) - (pt + \Delta tp) = \delta_H \left(\left(\frac{t + \Delta t}{100}\right)^2 - \frac{t + \Delta t}{100}\right)$$

$$\Delta t = \Delta tp - \delta_N \left(\left(\frac{t}{100}\right)^2 - \frac{t}{100}\right) + \delta_H \left(\left(\frac{t + \Delta t}{100}\right)^2 - \frac{t + \Delta t}{100}\right)$$

$$= \Delta tp - \delta_N \left(\frac{t}{100}\right)^2 + \delta_N \frac{t}{100} + \delta_H \left(\frac{t}{100}\right)^2 + 2\delta_H \frac{t\Delta t}{100^2} + \left(\frac{\Delta t}{100}\right)^2 - \delta_H \frac{t}{100} - \delta_H \frac{\Delta t}{100}.$$

Fassen wir die Glieder zusammen und lassen $\left(\frac{\Delta t}{100}\right)^2$ wegen seiner Kleinheit fort, so erhalten wir

$$\Delta t = \frac{\Delta pt - (\delta_N - \delta_H)\left(\left(\frac{t}{100}\right)^2 - \frac{t}{100}\right)}{1 - \frac{\delta_H}{100}\left(\frac{2t}{100} - 1\right)}$$

und nach Einsetzen der Werte für δ_N und δ_H:

$$\Delta t = \frac{\Delta tp - 0{,}053\left(\left(\frac{t}{100}\right)^2 - \frac{t}{100}\right)}{1{,}0150 - 0{,}0301 \frac{t}{100}} \quad \ldots \ldots (10).$$

Zur unmittelbaren Bestimmung des Kühleffektes ist also gemäß Gl. (9) die Kenntnis des Unterschiedes der Widerstände von Hoch- und Niederdruckseite und der Platintemperatur der letzteren erforderlich.

Die Widerstände der Thermometer und der Widerstandsunterschied zwischen beiden werden aus den Beobachtungen auf folgende Weise berechnet:

1) Berechnung der Widerstände des Hoch- und Niederdruckthermometers.

Aus dem Schaltungsschema, Abb. 10, ist zu ersehen, daß beim Vergleich der Thermometer mit dem Vergleichswiderstand R_4 gelten muß:

$$\frac{1}{R_4} = \frac{1}{WH} + \frac{1}{R_3} \text{ für Hochdruckseite,}$$

$$\frac{1}{R_4} = \frac{1}{WN} + \frac{1}{R_2} \text{ für Niederdruckseite,}$$

und daraus

$$WH = \frac{R_3 R_4}{R_3 - R_4}$$

und
$$WN = \frac{R_2 R_4}{R_2 - R_4}.$$

2) Berechnung des Unterschiedes der Widerstände von Hoch- und Niederdruckseite.

Es ist
$$\frac{1}{WH} + \frac{1}{R_3} = \frac{1}{WN} + \frac{1}{R_2}$$
$$WH - WN = WH \cdot WN \frac{R_2 - R_3}{R_2 R_3}.$$

Die Werte WH und WN auf der rechten Seite der Gleichung müssen aus Einzelbestimmungen des Hoch- und Niederdruckwiderstandes entnommen werden.

Tritt dabei infolge einer kleinen Temperaturschwankung der Eintrittsluft bei der Bestimmung von WN ein kleiner Fehler ein, so geht er nur in sehr verkleinertem Maß in das Endergebnis ein, nämlich im Verhältnis von

$$WH \cdot \frac{R_2 - R_3}{R_2 R_3};$$

da $\frac{R_2 - R_3}{R_2 R_3}$ immer gleich 1 : 500 gehalten wurde, so ist, wenn in einem Fall $WH = 50$ Ohm ist, der Fehler nur 50 : 500 = 1 : 10 des Wertes, den er bei der unmittelbaren Differenzbildung von WH und WN annnehmen würde.

V. Durchführung der Versuche.

1) Allgemeines.

Für alle Versuche begann die Inbetriebsetzung der Anlage damit, daß zuerst der gewünschte Anfangsdruck hergestellt wurde. Dies wurde dadurch erreicht, daß die Ventile der beiden Flaschenbatterien geöffnet und die dort aufgespeicherte Druckluft langsam in die Leitungen und den Drosselapparat eingelassen wurden. Das Aufpumpen der Flaschenbatterien geschah immer am Tage vorher, da dies am Versuchstage selbst zu viel Zeit erfordert hätte. Es wurde zur Regel gemacht, an einem Versuchstage mehrere Versuchspunkte zu erhalten, um den erreichten Beharrungszustand gut auszunutzen. Bei den Versuchen mit tiefen Temperaturen war dies schon mit Rücksicht auf den Kostenaufwand unbedingt erforderlich, da die größte Kältemenge zum Herabkühlen der umfangreichen und schweren Apparatur gebraucht wurde, während nach Erreichen des gewünschten Beharrungszustandes infolge der guten Isolierung und der vorzüglichen Wirkung des Gegenstromapparates ein nur verhältnismäßig geringer Kälteverbrauch stattfand. Dabei war auch der Umstand maßgebend, daß die Verdampfungswärme der verwendeten Kühlflüssigkeiten mit sinkender Temperatur wächst, so daß man bei Erreichung der tiefen Temperatur mehr Kälteeinheiten für 1 kg Flüssigkeit zur Verfügung hat, als bei Beginn der Kühlung.

Von diesen Ueberlegungen ausgehend, wurden die Versuche immer mit dem höchsten für den betreffenden Tag zur Anwendung gelangenden Druck begonnen und die niedrigeren Drücke durch Abblasen von Druckluft ins Freie hergestellt. Hierdurch konnte ein neuer Dauerzustand ziemlich rasch erreicht werden. Umgekehrt wurde bei den an einem Tage geplanten Versuchen mit verschiedenen Temperaturen mit der niedrigsten Temperatur begonnen und durch energisches Heizen ein rasches Eintreten eines neuen Dauerzustandes bei höherer Temperatur zu erreichen versucht. Das Arbeiten mit verschiedenen Temperaturen an einem Versuchstage war jedoch nur bei Versuchen über 0° C möglich.

Nach Auffüllen der Anlage mit Luft vom gewünschten Druck wurde das Temperaturbad angeheizt oder die Kühlflüssigkeit eingefüllt. Sobald die gewünschte Temperatur annähernd erreicht war, meist aber schon vorher begann das Einschalten des Luftkreislaufes. Es hatte sich nämlich gezeigt, daß es sehr lange Zeit erforderte, den Apparat auf die gewünschte Anfangstemperatur zu bringen, wenn man ihn ohne Luftkreislauf in dem Temperaturbad beläßt. Selbst nach Stunden bestanden noch erhebliche Abweichungen zwischen der Badtemperatur und den Angaben der Widerstandsthermometer im Drosselapparat. Es ist dies auch erklärlich, da dann die Wärme die erheblichen Widerstände, die die Isolierrohre l_1, l_2, m, n und die ruhenden Luftschichten boten, überwinden mußte. Wurde dagegen der Kreislauf angestellt, so daß ständig Luft von der Badtemperatur durch den Apparat strömte, so verschwanden rasch die Temperaturunterschiede zwischen dem Bad und dem Innern des Apparates.

Diese frühzeitige Einstellung des Kreislaufes hatte noch den Vorteil, daß die Hülfskraft, die das Temperaturbad und den Druckunterschied stetsgleich hielt, Zeit hatte, das Regulierventil v_{III} richtig einzustellen. Es geschah dies mittels eines rd. 1 m langen Hebels, der an der Ventilspindel angriff und sehr feine Bewegungen vorzunehmen erlaubte. Die Hauptsache für die gute Innehaltung des Druckunterschiedes war jedoch, daß das Ansaugeventil v_I des Kompressors so gedrosselt war, daß es eben die Undichtigkeitsverluste der Anlage deckte. Gelang dies einmal nicht, so daß man zum Regeln des absoluten Druckes zum Abblasen von Luft durch das Ventil v_{IV} gezwungen war, dann war auch die Einstellung des Druckunterschiedes sehr erschwert.

War die Badtemperatur, der absolute Druck und der Druckunterschied längere Zeit nahezu gleich, dann begann das Ablesen der Widerstandsthermometer. Ergab hier die Messung längere Zeit gleichbleibende Ablesungen, dann konnte der eigentliche Versuch beginnen. Es wurden dabei gewöhnlich alle 5 Minuten, manchmal auch nur alle 10 Minuten Ablesungen an den Widerstandsthermometern, dem Hochdruckfedermanometer und an dem zur Bestimmung des Druckunterschiedes dienenden Millivoltmeter (s. S. 16) vorgenommen. Das letztere wurde dabei so geschaltet, daß einmal die Quecksilberhöhe am Flüssigkeitstand für 6 oder 8 at und dann im unteren Quecksilbergefäße gemessen wurde. Da letztere sich infolge der großen Oberfläche im Gefäß nur wenig veränderte, wurde sie nur am Anfang und Ende jeder Versuchsreihe bestimmt. Die Ablesung des Millivoltmeters geschah durch die die Badtemperatur regelnde Hülfskraft, die durch ein Sprachrohr mit dem Beobachter, der sich im Nebenraum befand, verbunden war. Die Ablesungen wurden je nach der Güte des Beharrungszustandes eine Stunde oder länger fortgesetzt. Oft mußte auch ein Versuch wegen Veränderlichkeit der maßgebenden Größen auf mehrere Stunden ausgedehnt werden; erst später konnte der erreichte Beharrungszustand aus den Aufschreibungen ersehen werden, wobei der Versuch als unbrauchbar angesehen wurde, wenn nicht mindestens eine halbe Stunde lang Beharrungszustand erreicht war.

Die Berechnung des Druckunterschiedes mittels des Differentialquecksilbermanometers gestaltete sich dadurch sehr einfach, daß die beiden Graphitstäbe am unteren Quecksilbergefäße und an den oberen Flüssigkeitständen gleich lang waren. Es brauchte daher nur einmal der Abstand zweier Marken, die am unteren und oberen Quecksilberstand angebracht und gleich weit von den Endpunkten der Graphitstäbe entfernt waren, festgestellt zu werden. Zu dieser festen Größe C wurden dann die aus den Ablesungen am Millivoltmeter sich ergebenden Eintauchtiefen der Graphitstäbe hinzugenommen, und zwar wurde die Eintauchtiefe A des oberen Graphitstabes hinzugezählt, die Eintauchtiefe B des unteren Graphitstabes hiervon abgezogen, so daß also die Berechnungsformel lautete: Die Quecksilberhöhe im Manometer $H = C + A - B$. Die Konstante C betrug bei 6 kg/qcm Druckunterschied 436,3 cm, bei 8 kg/qcm Druckunterschied 584,1 cm.

Der Druckunterschied wurde dann dadurch auf kg/qcm umgerechnet, daß der Wert H durch 737,6 cm dividiert wurde. Diese Zahl entspricht der Quecksilberhöhe, die bei Zimmertemperatur einer technischen Atmosphäre, d. h. 1 kg/qcm gleich ist.

Die eben geschilderten Maßnahmen waren bei allen Versuchen zu treffen, unabhängig davon, mit welchen Temperaturbädern gearbeitet wurde. Außerdem erforderten die Versuche noch einige weitere Maßnahmen, die von der jeweilig in Betracht kommenden Temperatur abhängig waren.

2) Versuche bei —34° C.

Die Kühlung fand durch Verdampfen von Ammoniak unter Atmosphärendruck statt. Der Behälter des Kältethermostaten wurde dadurch gefüllt, daß er mit einer Ammoniakbombe verbunden wurde, die in einem Holzgestell so befestigt war, daß das Ventil unten lag und sich höher als der tiefste Punkt des Flüssigkeitsbehälters im Thermostat befand. War die Ausblaseöffnung dieses Behälters geschlossen, dann trat bei Oeffnung des Flaschenventiles das flüssige Ammoniak in den Behälter ein. Die eingefüllte Menge konnte an dem Flüssigkeitstand ersehen werden. War die Flüssigkeit bis an die Ausblaseöffnung gestiegen, dann wurde die Flasche abgesperrt und die Ausblaseleitung langsam geöffnet. Die Flüssigkeit verdampfte im Anfang sehr heftig, und das entwickelte Gas trat noch sehr kalt in eine Leitung ein, die über Dach ins Freie führte, so daß das eiserne Leitungsrohr bald mit Schnee beschlagen war. Mit dem Sinken der Badtemperatur wurde die Verdampfung langsamer, und die Gase zogen mit höherer Temperatur ab. Zeigte das Eisen-Konstantan-Thermoelement, durch das die Badtemperatur mittels eines Siemens- & Halskeschen Zeigergalvanometers bestimmt wurde, an, daß der Siedepunkt des Ammoniaks bei Atmosphärendruck erreicht war, dann wurde die Ausblaseöffnung ganz geöffnet. Die Temperatur des abziehendes Gases war dann nur wenig tiefer als die des Raumes, und das Abschmelzen des Schnees an dem Gasabzug war schon ein Zeichen für den eingetretenen Beharrungszustand. War dieser erreicht, dann wurde der Flüssigkeitsbehälter nochmals ganz gefüllt, wodurch die Badtemperatur plötzlich anstieg, da das eintretende Ammoniak Zimmertemperatur hatte. Bald jedoch stellte sich der Beharrungszustand wieder ein, und wenn auch der absolute Druck und der Druckunterschied unverändert geworden waren, konnte mit dem ersten Versuch begonnen werden. Während der Versuche wurde dann zeitweise etwas Ammoniak nachgefüllt; da jedoch das Kühlgefäß den Inhalt von etwa einer halben Ammoniakbombe aufnahm, so hielt eine Füllung sehr lange an.

In Zahlentafel 1 sind die Aufschreibungen während eines solchen Versuches mitgeteilt. In ihr sind angegeben:

In Spalte 1   die Zeit,
» » 2 und 3 die Widerstandswerte für das Hochdruckthermometer, nämlich des Vergleichwiderstandes R_4 und des dem Thermometer parallel gelegten Widerstandes R_3,
» » 4 » 5 die entsprechenden Werte für das Niederdruckthermometer,
» » 6 » 7 die bei der Differenzmessung abgelesenen Widerstände,

in Spalte 8 der Ausschlag des Millivoltmeters bei Schaltung auf den unteren Quecksilberstand,
» » 9 derselbe Wert für den oberen Stand,
» » 10 die Ablesung am Hochdruckmanometer.

Die Berechnung ist mit den oben angegebenen Formeln (3) bis (6), (9) und (10) durchgeführt. Sie erfolgte teils mit siebenstelligen Logarithmen, teils mittels einer Brunsviga-Rechenmaschine für 13 stellige Produkte, die vom Geodätischen Institut der Kgl. Technischen Hochschule in dankenswerter Weise zur Verfügung gestellt worden war. Die hohe Genauigkeit bei der Berechnung war deswegen notwendig, weil, wie die Formeln zeigen, viele Größen, die nur wenig voneinander verschieden sind, voneinander abgezogen werden mußten, wodurch nur die allerletzten Stellen zur Wirkung kamen.

Als Versuchstemperatur wurde die Temperatur der Hochdruckseite, als Versuchswert des Druckes die um die Hälfte des Druckunterschiedes verminderte Ablesung am Hochdruckmanometer gewählt.

Zahlentafel 1.
6. Oktober 1911.   150 at.   −34° C.   6 at Unterschied.

1	2	3	4	5	6	7	8	9	10
Zeit	Hochdruck-thermometer		Niederdruck-thermometer		Differenz-messung		Millivoltmeter		Hochdruck-manometer
	R_4	R_3	R_4	R_2	R_3	R_2	unterer Stand	oberer Stand	
4^{45}	21,004	1098	20,204	1027	400	1505	41,2	89	148,1
55		98		27		3		91	—
5^{05}		99		29		3		91	148,1
15		1101		31		5		84	—
25		03		33		6		88	—
35		03		31		5		91	148,1
45		03		33		3	41,3	85	—
Mittel	21,004	1100,7	20,204	1030,1	400	1504,3	41,3	90	148,1
Berichtigung[1)		1,8		0,6	1,8	0,6			

Hochdruckseite: $WH = \dfrac{R_4 \cdot R_3}{R_3 - R_4} = \dfrac{21,004 \cdot 1102,5}{1081,5} = 21,41185$

Niederdruckseite: $WN = \dfrac{R_4 \cdot R_2}{R_2 - R_4} = \dfrac{20,204 \cdot 1030,7}{1010,5} = 20,60789$

Unterschied: $WH - WN = WH \, WN \, \dfrac{R_2 - R_3}{R_2 \cdot F_3} = 21,41185 \cdot 20,60789 \cdot \dfrac{1103,1}{1504,9 \cdot 401,8} = 0,8050$

Hochdruck: $t_H = -34,0$

Niederdruck: $p t_N = -35,901$, $t_N = -35,161$

$\Delta p t = 10,3044 \cdot 0,80498 - 8,2899 + [1 - 0,9673] \cdot 35,901 = 1,176$

$$\Delta t = \dfrac{1,176 - 0,053 \left(\left(\dfrac{35,16}{100}\right)^2 + \dfrac{35,16}{100} \right)}{1,0150 + 0,031 \cdot \dfrac{35,16}{100}} = 1,121$$

$\Delta p = \dfrac{4419}{737,6} = 5,99$ kg, qcm

$\Delta_{-34,0} = \dfrac{\Delta t}{\Delta p} = 0,187$ (Spalte 13).

[1) Die zu den Widerständen hinzuzuzählenden Berichtigungsgrößen sind die Seite 20 erwähnten, durch die Kommutierung nicht eliminierten Widerstände der Zuleitungen von den Thermometern zu den diesen parallel gelegten Rheostaten.

— 27 —

In Zahlentafel 2 sind die Mittelwerte aller Versuche bei dieser Temperatur angegeben.

Es enthalten:

Spalte 1   das Datum das Versuches,
» 2 bis 7   dieselben Werte wie in Zahlentafel 1,
» 8   die Versuchstemperatur,
» 9   den Versuchsdruck,
» 10   den Druckunterschied,
» 11   den dem Druckunterschied entsprechenden Kühleffekt,
» 12   die Abkühlung für 1 at Druckunterschied bei der angegebenen Versuchstemperatur, welche aus der beobachteten Abkühlung durch Teilung mit dem Druckunterschied hervorgeht[1]),
» 13   die Abkülung für 1 at Druckunterschied, jedoch bezogen auf die Mitteltemperatur aller angegebenen Versuche (vergl. unten S. 36).

Zahlentafel 2. Versuche bei −34° C.

1	2	3	4	5	6	7	8	9	10	11	12	13	
Datum	Hochdruckseite		Niederdruckseite		Unterschied		t_H	$\frac{p_1+p_2}{2}$	Δp	Δt	Δ	$\Delta_{-34,0}$	Bemerkungen
	R_1	R_3	R_4	R_2	R_3	R_2							
19. 9. 11	21,104	1359,1	20,304	1754,6	401,8	2197,9	−33,8	23,0	5,95	2,052	0,345	0,346	Isolierung: Hartgummi. Kühlung: Ammoniak.
22. 9. 11	21,004	1097,8	20,204	1308,6		2209,1	−34,0	23,5	5,94	2,052	0,345	0,345	
26. 9. 11		1077,3		1128,3		1746,8	−34,0	95,8	5,99	1,530	0,256	0,256	
26. 9. 11		1062,7		1148,5		1874,3	−33,9	72,5	5,96	1,705	0,286	0,286	
26. 9. 11		1037,8		1167,9		2021,4	−33,8	47,3	5,96	1,885	0,316	0,317	
5. 10. 11		1134,8		1113,6		1616,6	−34,2	120,3	5,96	1,219	0,205	0,205	
5. 10. 11		1122,4		1155,6		1741,0	−34,1	96,7	5,98	1,515	0,253	0,253	
6. 10. 11		1110,6		1038,8		1507,1	−34,1	145,0	5,97	1,125	0,189	0,189	
6. 10. 11		1110,8		1089,3		1614,8	−34,1	120,3	5,98	1,219	0,202	0,202	
6. 10. 11		1102,5		1030,7		1504,9	−34,1	145,1	5,99	1,121	0,187	0,187	
7. 10. 11		1139,2		1239,6		1884,4	−34,2	72,5	5,96	1,705	0,286	0,286	
7. 10. 11		1108,0		1260,0		2027,0	−34,1	48,2	5,96	1,872	0,314	0,314	

3) Versuche bei −55,4° C.

Um tiefere Temperaturen zu erreichen, als es durch Ammoniak möglich war, wurde Kohlensäure verwendet. Sie kommt jedoch unter Atmosphärendruck in flüssigem Zustand nicht vor, sondern ist erst bei Drücken von mehr als 5,1 at flüssig. Es wurden daher zuerst Versuche mit fester Kohlensäure gemacht, die in bekannter Weise mit Alkohol vermengt wurde. Die Temperatur dieser Mischung beträgt bei Atmosphärendruck −78,3° C. Wie üblich, wurde die feste Kohlensäure dadurch hergestellt, daß aus einer Bombe Kohlensäuregas entnommen wurde, das in einen Sack aus Filz oder Sammet austrat. Dabei kühlt es sich infolge der Expansion so stark ab, daß ein Teil in fester Form als Kohlensäureschnee zurückbleibt. Dies Verfahren erwies sich jedoch als so unwirtschaftlich, daß es aufgegeben wurde.

---

[1]) Dieser Berechnung liegt die Annahme zugrunde, daß die Abkühlung, gemäß der von Thomson und Joule aufgestellten Formel, proportional der Drucksenkung ist. Wenn auch diese Annahme sich durch die vorstehend mitgeteilten Versuche nicht vollständig bestätigt gezeigt hat, darf sie hier innerhalb der kleinen Druckbereiche von 6 und 8 at doch zur Anwendung kommen.

Es wurde dann versucht, wie vorher das Ammoniak, so jetzt die Kohlensäure in den Behälter des Kältethermostaten zu bringen, um dort unter einem niedrigsten Druck von etwa 5,5 at zu verdampfen. Diese Versuche gelangen nach einiger Zeit zur Zufriedenheit. Sie wurden ähnlich wie diejenigen mit Ammoniakkühlung durchgeführt, nur mußte dabei außer der Temperatur auch der Druck im Behälter genau beobachtet werden. Sank letzterer unter 5,1 at, so bildete sich feste Kohlensäure, das Ausblaseventil des Behälters war sofort verstopft und konnte auch durch Erwärmen mit der Lötlampe nur sehr langsam wieder aufgetaut werden. Natürlich ging inzwischen der Beharrungszustand verloren. Deshalb wurde bei den späteren Versuchen zum Freimachen des Ventiles von der Ausblaseseite her Druckluft von rd. 100 at eingeblasen.

Bei der geringen Verdampfungswärme der Kohlensäure von etwa 86 WE bei $-56,2°$, ihrer Schmelztemperatur, (gegen etwa 300 bei Ammoniak) war es nötig, öfters während des Versuches neuen Kühlstoff nachzufüllen. Konnte

Zahlentafel 3.
21. Juni 1911.   25 at. $-55,4°$ C.   6 at Unterschied.

1	2	3	4	5	6	7	8	9	10
Zeit	Hochdruck-thermometer		Niederdruck-thermometer		Differenz-messung		Millivoltmeter		Hochdruck-manometer
	R_4	R_3	R_4	R_2	R_3	R_2	unterer Stand	oberer Stand	
2^{55}	19,004	654	18,304	840	380	3700	42,0	87,1	25,5
4^{50}		657		670	400	5400		82,1	26,0
6^{05}		977		1570	380	4430			26,0
20		1077		1870		4550			
45		1155		2139		4800	41,2	75	26,0
50		74		2210		00			
55		87		60		70			
7^{00}		90		80		40			
05		92		80		40		78	26
10		90		80		20		84	26
15		94		80		20			
20		84		40		20			
25		77		20		00		71,5	26
Mittel:	19,004	1182,6	18,304	2243,2	380	4823,3	41,2	77,1	26,0
Berichtigung:		1,8		0,6	1,8	0,6			

Hochdruckseite: $WH = \dfrac{R_4 \cdot R_3}{R_3 - R_4} = \dfrac{19{,}004 \cdot 1184{,}4}{1165{,}4} = 19{,}31384$

Niederdruckseite: $WN = \dfrac{R_4 \cdot R_2}{R_2 - R_4} = \dfrac{18{,}304 \cdot 2243{,}8}{2225{,}5} = 18{,}45451$

Unterschied: $WH - WN = WH \, WN \dfrac{R_2 - R_3}{R_2 \cdot R_3} = 19{,}31384 \cdot 18{,}45451 \cdot \dfrac{4442{,}1}{4823{,}9 \cdot 381{,}8} = 0{,}8597$

Hochdruckseite: $t_H = -55{,}1$

Niederdruckseite: $pt_N = -58{,}839$; $t_N = -57{,}43$

$\Delta pt = 10{,}3044 \cdot 0{,}85966 - 8{,}2899 + [1 - 0{,}9673] \cdot 58{,}839 = 2{,}490$

$\Delta t = \dfrac{2{,}490 - 0{,}053 \cdot \left[\left(\dfrac{57{,}4}{100}\right)^2 + \dfrac{57{,}4}{100}\right]}{1{,}0150 + 0{,}031 \cdot \dfrac{57{,}4}{100}} = 2{,}366$

$\Delta p = \dfrac{4405}{737{,}6} = 5{,}972$

$\Delta_{-55,1} = \dfrac{\Delta t}{\Delta p} = 0{,}396$ (Spalte 12)

$\Delta_{-55,4} = 0{,}397$ (Spalte 13)

Zahlentafel 4. Versuche bei $-55{,}4^\circ$ C.

1	2	3	4	5	6	7	8	9	10	11	12	13	
Datum	Hochdruck- seite		Niederdruck- seite		Unterschied		t_H	$\dfrac{p_1 + p_2}{2}$	Δp	Δt	J	$J_{-55,4}$	Bemer- kungen
	R_4	R_3	R_4	R_2	R_3	R_2							
26. 5. 11	19,004	1497,8	18,304	1850,6	401,8	2895,6	−55,7	121,3	5,96	1,385	0,232	0,232	Isolierung: Hartgummi. Kühlung: CO$_2$ unter Druck.
26. 5. 11	19,004	1949,8	18,304	3492,6	401,8	3990,6	−56,3	96,7	5,96	1,692	0,284	0,283	
31. 5. 11	19,004	1958,5	18,304	2270,6	401,8	2480,6	−56,2	145,6	5,99	1,164	0,194	0,194	
1. 6. 11	19,004	1633,8	18,304	1850,6	401,8	2447,6	−55,9	145,4	6,01	1,152	0,192	0,192	
2. 6. 11	19,004	1364,9	18,304	2252,0	401,8	5427,6	−55,5	72,0	6,00	1,967	0,328	0,328	
2. 6. 11	19,004	1751,8	18,304	4926,6	401,8	9358,6	−56,1	48,2	6,00	2,203	0,367	0,366	
21. 6. 11	19,004	1333,9	18,304	2537,7	401,8	8464,9	−55,4	48,2	5,95	2,165	0,364	0,364	
21. 6. 11	19,004	1184,4	18,304	2243,8	381,8	4823,9	−55,1	23,0	5,97	2,366	0,396	0,397	
22. 6. 11	19,004	573,8	18,304	704,6	401,8	6835,6	−51,7	23,1	5,98	2,313	0,387	0,400	
1. 7. 11	19,004	1121,2	18,304	2037,6	401,8	4734,6	−54,9	22,5	5,96	2,360	0,396	0,398	
7. 11. 11	19,004	1838	18,304	4013	401,8	5573	−56,2	75,2	5,96	1,947	0,327	0,326	

dies nicht äußerst langsam geschehen, so wurde auch hierdurch der Dauerzustand gestört. Es muß deshalb der Geschicklichkeit und dem Verständnis der Hülfskraft, welche den Kältethermostaten überwachte, ein wesentlicher Anteil an dem Gelingen der Versuche bei dieser Temperatur zugeschrieben werden.

In Zahlentafeln 3 und 4 ist eine Seite des Versuchstagebuches und eine Zusammenstellung aller Versuche bei $-55{,}4^\circ$ C enthalten. Der Inhalt der einzelnen Spalten ist der gleiche wie in den Zahlentafeln 1 und 2.

Versuche zur Erzielung noch tieferer Temperaturen.

Um eine Temperatur im Versuchsapparat von etwa -100° C zu erreichen, wurden verschiedene Versuche angestellt. Unter anderem wurde dies Ziel durch Kühlung des Apparates mittels Stickoxyduls zu erreichen versucht, welches aus England bezogen werden mußte, da es in Deutschland nicht mehr hergestellt wird. Bei dem großen Temperaturunterschied zwischen Apparat und Außenluft und der geringen Verdampfungswärme des Stickoxyduls [43 WE[1]) bei Zimmertemperatur, 75 WE[2]) bei -92° C] waren die aus England bezogenen Mengen (5 Stahlflaschen von je 20 ltr Wasserinhalt) nicht ausreichend, um den Apparat nur auf die Siedetemperatur des Kühlstoffes bei normalem Druck herabzukühlen, so daß diese Versuche mit Rücksicht auf die großen Kosten aufgegeben werden mußten.

Die Versuche würden sich nur nach Aufstellung einer Verflüssigungsanlage für das Stickoxydul durchführen lassen. Da neuerdings in der Industrie Bedarf an Kältemaschinen für so tiefe Temperaturen vorhanden ist, die mit Aethan, das einen ähnlich tiefen Siedepunkt hat wie Stickoxydul, betrieben werden, so wäre eine solche Anlage für die Durchführung derartiger Versuche sehr geeignet.

4) Versuche bei 0° C.

Die Versuche boten hinsichtlich der Erzielung der Anfangstemperaturen keine Schwierigkeiten. Es zeigte sich auch hier, daß ohne Einschalten des Kreislaufes (vergl. S. 24) selbst durch mehrtägiges Kühlen des Drosselapparates im Eisthermostaten kein Temperaturausgleich zwischen dem Bad und dem Innern des Apparates erzielt werden konnte. Die Durchführung und das Ergebnis dieser Versuche sind aus den Zahlentafeln 5 und 6 zu ersehen.

---

[1]) Nach Cailletet (s. Landolt-Börnstein IV. Aufl.).
[2]) C. Linde, Z. d. V. d. I. 1903 S. 1071.

Bei diesen und den späteren Versuchen sind in den zusammenfassenden Zahlentafeln 6, 8, 10 ... 16 die Zahlenwerte der Spalten 12 und 13 einander gleich, da die auf S. 27 besprochene Reduktion der Werte von $\varDelta$ auf die Mitteltemperatur der ganzen Versuchsreihe kleiner war als 0,001° C.

Zahlentafel 5.
22. März 1912.   100 at.   0° C.   8 at Druckunterschied.

1	2	3	4	5	6	7	8	9	10
Zeit	Hochdruck-thermometer		Niederdruck-thermometer		Differenz-messung		Millivoltmeter		Hochdruck-manometer
	R_4	R_3	R_4	R_2	R_3	R_2	unterer Stand	oberer Stand	
3^{20}	24,204	1039	23,304	1056	500	2550	46,8	77	105,4
4^{35}		1146		1175		2627		—	—
40		1147		—		40		72	104,9
45		—		1180		30		73	104,6
50		1147		—		36		—	—
55		—		1174		20		77	104,8
5^{00}		1147		—		12		—	—
05		1146		1174		30	46,7	86	105,0
Mittel:	24,204	1146,6	23,304	1175,8	500	2628	46,7	77	104,9
Berichtigung:		2,0		1,0	2	1,0			

Widerstand auf Hochdruckseite: $WH = \dfrac{R_4 \cdot R_3}{R_3 - R_4} = \dfrac{24{,}204 \cdot 1148{,}6}{1124{,}4} = 24{,}7249$

Widerstand auf Niederdruckseite: $WN = \dfrac{R_4 \cdot R_2}{R_2 - R_4} = \dfrac{23{,}304 \cdot 1176{,}6}{1253{,}5} = 23{,}7747$

Differenzmessung: $WH - WN = \dfrac{WH \cdot WN (R_2 - R_3)}{R_2 \cdot R_3} = \dfrac{24{,}7236 \cdot 23{,}7560 \cdot (2629 - 502)}{2629 \cdot 502} = 0{,}9474$

Hochdruckseite: $t_H = -0{,}59$

Niederdruckseite: $pt_N = -2{,}166;\ t_N = -2{,}132$

$\varDelta pt = 10{,}3044 \cdot 0{,}94738 - 8{,}2899 - [1 - 0{,}9673] \cdot pt_N = 1{,}523$

$\varDelta t = \left[1{,}523 - 0{,}053 \cdot \left(\left(\dfrac{2{,}132}{100}\right)^2 - \dfrac{2{,}132}{100}\right)\right] \dfrac{1}{1{,}0150 - 0{,}0301 \cdot \dfrac{2{,}132}{100}} = 1{,}498$

$\varDelta p = \dfrac{5854}{737{,}6} = 7{,}84$ kg/cm²

$\varDelta_{-0,6} = \dfrac{\varDelta p}{\varDelta t} = 0{,}189$.

Zahlentafel 6. Versuche bei —0,6° C.

1	2	3	4	5	6	7	8	9	10	11	12 u. 13	
Datum	Hochdruck-seite		Niederdruck-seite		Unterschied		t_H	$\dfrac{p_1 + p_2}{2}$	$\varDelta p$	$\varDelta t$	$\varDelta_{-0,6}$	Bemer-kungen
	R_4	R_3	R_4	R_2	R_3	R_2						
22. 3. 12	24,204	1137,8	23,304	1097,3	502	2298,6	−0,53	149,8	7,97	1,197	0,150	Isolierung: Porzellan. Kühlung: Eis.
22. 3. 12	24,204	1145,6	23,304	1133,2	502	2440,4	−0,57	126,2	7,98	1,346	0,169	
22. 3. 12	24,204	1148,6	23,304	1176,8	502	2629	−0,59	101,0	7,84	1,498	0,189	
22. 3. 12	24,204	1151,4	23,304	1224,6	502	2862,6	−0,60	75,3	7,95	1,701	0,214	
23. 3. 12	24,204	1170,6	23,304	1289,5	502	3103	−0,69	50,2	7,97	1,858	0,233	
23. 3. 12	24,204	1186,0	23,304	1343,4	502	3318,6	−0,75	25,4	7,98	1,975	0,247	
26. 3. 12	24,204	1131,0	23,304	1088,2	502	2309,1	−0,50	149,4	7,95	1,212	0,153	
26. 3. 11	24,204	1115,8	23,304	1148,8	502	2650,3	−0,52	99,8	7,95	1,543	0,194	
26. 3. 12	24,204	1153,4	23,304	1269,8	502	3001	−0,61	51,0	7,95	1,798	0,226	
26. 3. 12	24,204	1163,8	23,304	1310,4	502	3284	−0,66	25,4	7,99	1,965	0,246	
26. 3. 12	24,204	1142,2	23,304	1147,0	502	2511,7	+0,85	25,6	5,96	1,468	0,249	

— 31 —

5) Versuche bei hohen Temperaturen.

Diese Versuche wurden in Abständen von je 50° C im Oelthermostaten vorgenommen und erstreckten sich bis 250°. Die Durchführung der einzelnen Versuchsreihen war insofern etwas verschieden, als bis 100° nur mit elektrischer Heizung gearbeitet wurde, während bei den höheren Temperaturen die elektrische Heizung nur zur Regelung diente, während eine Gasbrennerbatterie die Hauptheizung übernahm.

Zahlentafel 7.
8. März 1912. 150 at. 50° C. 8 at Unterschied.

1	2	3	4	5	6	7	8	9	10
Zeit	Hochdruck-thermometer		Niederdruck-thermometer		Differenz-messung		Millivoltmeter		Hochdruck-manometer
	R_4	R_3	R_4	R_2	R_3	R_2	unterer Stand	oberer Stand	
10⁰⁰	28,804	—	27,804	1013	500	1330	46,0	83	152,5
05		1015,5		—		29		—	—
10		—		09		27		82	6
15		11		—		29		—	—
20		—		05		29		80	9
25		09		—		29		—	—
30		—		06		26		83	9
35		15		09		29	45,3	70	153,1
Mittel:	28,804	1012,6	27,804	1007,2	500	1328,6	45,6	80	153,1
Berichtigung:		2,3		1,1	2,3	1,1			

Hochdruckseite: $WH = \dfrac{R_4 \cdot R_3}{R_3 - R_4} = \dfrac{28,804 \cdot 1014,9}{986,1} = 29,6452$

Niederdruckseite: $WN = \dfrac{R_4 \cdot R_2}{R_2 - R_4} = \dfrac{27,804 \cdot 1008,3}{980,5} = 28,5923$

Unterschied: $WH - WN = WH \cdot WN \dfrac{R_2 - R_3}{R_2 \cdot R_3} = 29,6452 \cdot 28,5923 \cdot \dfrac{1329,7 - 502,3}{1329,7 \cdot 502,3} = 1,0500$

Hochdruckseite: $t_H = 49,7$

Niederdruckseite: $pt_N = 49,154; \; t_N = 48,77$

$\Delta pt = 10,3044 \cdot 1,0500 - 8,2899 - [1 - 0,9673] \cdot 49,154 = 0,924$

$\Delta t = \left[0,924 - 0,053 \left(\left(\dfrac{48,77}{100}\right)^2 - \dfrac{48,77}{100}\right)\right] \cdot \dfrac{1}{1,0150 - 0,031 \dfrac{48,77}{100}} = 0,937$

$\Delta p = \dfrac{5869}{737,6} = 7,96 \; \text{kg/cm}^2$

$\Delta_{49,7} = \dfrac{\Delta t}{\Delta p} = 0,118.$

Zahlentafel 8. Versuche bei 49,2° C.

1	2	3	4	5	6	7	8	9	10	11	12 u. 13
Datum	Hochdruck-seite		Niederdruck-seite		Unterschied		t_H	$\dfrac{p_1+p_2}{2}$	Δp	Δt	$\Delta_{49,2}$	Bemer-kungen
	R_4	R_3	R_4	R_2	R_3	R_2						
6. 2. 12	28,704	984,3	27,704	1006,1	502,3	1404,7	48,92	75,1	7,96	1,252	0,157	Isol.: Porzellan. Heiz: elektrisch.
6. 2. 12	28,804	1051,5	27,804	1101,1	502,3	1422,5	49,41	50,4	7,96	1,350	0,170	
13. 2. 12	28,804	1053,2	27,804	1114,1	502,3	1442,1	49,40	25,3	7,93	1,437	0,181	
8. 3. 12	28,804	1014,9	27,804	1008,3	502,3	1329,7	49,73	148,9	7,96	0,937	0,118	
8. 3. 12	28,804	1040,5	27,804	1061,7	502,3	1372,4	49,52	99,0	7,96	1,131	0,142	
8. 3. 12	28,804	1049,1	27,804	1095,3	502,3	1418,1	49,43	50,3	7,94	1,338	0,169	

Die Badtemperatur wurde durch Richtersche[1]) Einschlußthermometer, die in $1/5°$, und durch Beckmann-Thermometer, die in $1/100°$ geteilt waren, gemessen. Leider zeigten sich die letzteren, die ein sehr großes Quecksilbergefäß besaßen, als ziemlich träge, so daß ein Temperaturanstieg im Bad nicht sofort, sondern erst nach kurzer Zeit, dann aber umso stärker angezeigt wurde.

---

[1]) C. Richter in Berlin.

Zahlentafel 9.
12. Februar 1912. 25 at. 100° C. 8 at Unterschied.

1	2	3	4	5	6	7	8	9	10
Zeit	Hochdruck-thermometer		Niederdruck-thermometer		Differenz-messung		Millivoltmeter		Hochdruck-manometer
	R_4	R_3	R_4	R_2	R_3	R_2	unterer Stand	oberer Stand	
5³⁵	33,404	1084	32,304	1150	500	1078	43,2	105	30,1
50		1112		73		74		—	29,0
55		—		74		73		75	29,0
6⁰⁰		1111		71		74		—	29,0
05		1111		73		72		88	—
10		1111		74		72		—	28,9
15		1111		73		73	42,7	94	29,0
Mittel:	33,404	1111	32,304	1173	500	1073	43,0	86	—
Berichtigung:		2,5		1,2	2,5	1,2			

Hochdruckseite: $WH = \dfrac{R_4 \cdot R_3}{R_3 - R_4} = \dfrac{33{,}404 \cdot 1113{,}5}{1080{,}1} = 34{,}4369$

Niederdruckseite: $WN = \dfrac{R_4 \cdot R_2}{R_2 - R_4} = \dfrac{32{,}304 \cdot 1174{,}2}{1141{,}9} = 33{,}2178$

Unterschied: $WH - WN = WH \cdot WN \dfrac{R_2 \cdot R_3}{R_2 - R_3} = 34{,}4369 \cdot 33{,}2178 \cdot \dfrac{1074{,}2 - 502{,}5}{1074{,}2 \cdot 502{,}5} = 1{,}2115$

Hochdruckseite: $t_H = 99{,}5$
Niederdruckseite: $pt_N = 98{,}424$; $t_N = 98{,}40$

$\Delta pt = 10{,}3044 \cdot 1{,}21155 - 8{,}2899 - [1 - 0{,}9673] \cdot 98{,}424 = 0{,}990$

$\Delta t = \dfrac{0{,}990 - 0{,}053 \left(\left(\dfrac{98{,}4}{100}\right)^2 - \dfrac{98{,}4}{100}\right)}{1{,}0150 - 0{,}031 \cdot \dfrac{98{,}4}{100}} = 1{,}004$

$\Delta p = \dfrac{5883}{737{,}6} = 7{,}98$ kg/cm²

$\Delta_{99,5} = \dfrac{\Delta t}{\Delta p} = 0{,}126$.

Zahlentafel 10. Versuche bei 99,5° C.

1	2	3	4	5	6	7	8	9	10	11	12 u 13
Datum	Hochdruck-seite		Niederdruck-seite		Unterschied		t_H	$\dfrac{p_1 + p_2}{2}$	Δp	Δt	$\Delta_{99,5}$	Bemer-kungen
	R_4	R_3	R_4	R_2	R_3	R_2						
7. 1. 12	33,404	1051,0	32,304	1054,0	502,5	1016,2	100,14	150,0	5,97	0,499	0,083	Isolier.: Porzellan. Heiz.: elektrisch.
15. 2. 12	33,504	1236,5	32,404	1305,5	602,5	1640,8	99,47	76,6	7,98	0,897	0,113	
2. 2. 12	33,404	1102,5	32,304	1154,2	502,5	1069,2	99,58	50,3	7,99	0,953	0,119	
12. 2. 12	33,404	1113,5	32,304	1174,2	502,5	1074,2	99,49	25,0	7,98	1,004	0,126	
16. 3 12	33,304	1011,4	32,204	1024,2	602,5	1598,4	99,48	150,1	7,94	0,778	0,098	
6. 3. 12	33,304	1030,7	32,204	1049,4	602,5	1625,7	99,26	100,0	7,96	0,809	0,102	
6. 3. 12	33,304	1024,9	32,204	1060,0	602,5	1655,1	99,32	50,6	7,94	0,949	0,120	

Die Richterschen Thermometer dagegen sprachen sehr rasch auf jede Temperaturschwankung an.

Wie oben (S. 17) erwähnt, boten Thermoströme und sogen. Thomson-Effekte große Schwierigkeiten bei der Beobachtung der Widerstandthermometer.

In den folgenden Zahlentafeln (7 bis 16) ist von jeder Temperaturreihe eine Seite des Versuchstagebuches und außerdem die Zusammenstellungen aller

Zahlentafel 11.
3. Februar 1912. 75 at. 150° C. 8 at Unterschied.

1	2	3	4	5	6	7	8	9	10
Zeit	Hochdruck-thermometer		Niederdruck thermometer		Differenz-messung		Millivoltmeter		Hochdruck-manometer
	R_4	R_3	R_4	R_2	R_3	R_2	unterer Stand	oberer Stand	
10^{05}	37,804	1098	36,504	1047	600	1319,7	42,8	79	80,2
20	—	—	—	32		15		—	—
25		71		—		15,5		79	80,9
30		—		30		15,5		—	—
35		69		—		15,5		78	80,7
40		—		29,5		15,5		—	—
45		68		—		15,5		75	80,2
50		—		28		14,5	43,2	75	80,1
Mittel:	37,804	1069,3	36,504	1029,2	600	1315,3	43,0	77	80,5
Berichtigung:		2,8		1,3	2,8	1,3			

Hochdruckseite: $WH = \dfrac{R_4 \cdot R_3}{R_3 - R_4} = \dfrac{37,804 \cdot 1072,1}{1034,3} = 39,1856$

Niederdruckseite: $WN = \dfrac{R_4 \cdot R_2}{R_2 - R_4} = \dfrac{36,504 \cdot 1030,5}{994,0} = 37,8444$

Unterschied: $WH - WN = WH \cdot WN \cdot \dfrac{R_2 - R_3}{R_2 \cdot R_3} = 39,1856 \cdot 37,8444 \cdot \dfrac{1316,6 - 602,8}{1316,6 \cdot 602,8} = 1,3338$

Hochdruckseite: $t_H = 149,5$

Niederdruckseite: $pt_N = 147,712$; $t_N = 148,84$

$\Delta pt = 10,3044 \cdot 1,33376 - 8,2899 - [1 - 0,9673] \cdot 147,712 = 0,627$

$\Delta t = \dfrac{0,627 - 0,053 \left(\left(\dfrac{148,84}{100}\right)^2 - \dfrac{148,84}{100}\right)}{1,0150 - 0,031 \cdot \dfrac{148,84}{100}} = 0,606$

$\Delta p = \dfrac{5853}{737,6} = 7,95$ kg/cm²

$J_{149,5} = \dfrac{\Delta t}{\Delta p} = 0,076.$

Zahlentafel 12. Versuche bei 149,7° C.

1	2	3	4	5	6	7	8	9	10	11	12 u. 13	
Datum	Hochdruck-seite		Niederdruck-seite		Unterschied		t_H	$\dfrac{p_1 + p_2}{2}$	Δp	Δt	$\Delta_{149,7}$	Bemer-kungen
	R_4	R_3	R_4	R_2	R_3	R_2						
18. 1. 12	37,804	1050,6	36,604	1072,7	502,8	904,7	149,84	151,0	8,01	0,370	0,046	Isolier.: Porzellan. Heiz.: Gas u. elektr
18. 1. 12	37,804	1044,6	36,604	1071,3	502,8	908,0	149,93	126,0	8 05	0,436	0,054	
3. 2. 12	37,804	1072,1	36,604	1030,5	602,8	1316,6	149,53	76,5	7,95	0,606	0,076	
3. 2. 12	37,804	1066,3	36,604	1033,6	602,8	1318,4	149,61	51,6	7,96	0,624	0,078	
5. 2. 12	37,804	1051,0	36,604	1087,6	602,8	1308,9	149,83	101,9	7,95	0,547	0,069	
12. 2. 12	37,804	1064,8	36,604	1028,1	602,8	1325,5	149,63	25,3	7,95	0,698	0,088	

Forschungsarbeiten. Heft 184.

— 34 —

Versuche bei der betreffenden Temperatur abgedruckt. Die Zahlentafeln entsprechen in ihrer Anordnung den Zahlentafeln 1 und 2.

VI. Auswertung der Versuche.

Die bei 8 verschiedenen Temperaturen zwischen —55° und +250° und je 6 verschiedenen Anfangsdrücken zwischen 25 und 150 at ausgeführten Versuche

Zahlentafel 13.
1. Februar 1912. 75 at. 200° C. 8 at Unterschied.

1	2	3	4	5	6	7	8	9	10
Zeit	Hochdruck-thermometer		Niederdruck-thermometer		Differenz-messung		Millivoltmeter		Hochdruck-manometer
	R_4	R_3	R_4	R_2	R_3	R_2	unterer Stand	oberer Stand	
6^{00}	42,104	1099	40,804	1148	500	833,9	42,5	82	80,5
05		1098,5		—		7		—	4
10		—		47		6		78	—
15		1099		—		6		—	5
20		—		47		3		84	—
25		1099,5		—		5		—	9
30		—		47		5	42,5	87	—
Mittel:	42,104	1099	40,804	1147,3	500	833,6	42,5	84	80,6
Berichtigung:		3,0		1,4	3,0	1,4			

Hochdruckseite: $WH = \dfrac{R_4 \cdot R_3}{R_3 - R_4} = \dfrac{42,104 \cdot 1102,0}{1059,9} = 43,7764$

Niederdruckseite: $WN = \dfrac{R_4 \cdot R_2}{R_2 - R_4} = \dfrac{40,804 \cdot 1148,7}{1107,9} = 42,3066$

Unterschied: $WH - WN = WH \cdot WN \dfrac{R_2 - R_3}{R_2 \cdot R_3} = 43,7764 \cdot 42,30665 \cdot \dfrac{332,0}{835 \cdot 503} = 1,4640$

Hochdruckseite: $t_H = 198,7$
Niederdruckseite: $pt_N = 195,248$; $t_N = 198,28$

$\Delta pt = 10,3044 \cdot 1,46397 - 8,2899 - [1 - 0,9673] \cdot 195,248 = 0,411$

$$\Delta t = \dfrac{0,411 - 0,053\left(\left(\dfrac{198,28}{100}\right)^2 - \dfrac{198,28}{100}\right)}{1,0150 - 0,031 \cdot \dfrac{198,28}{100}} = 0,323$$

$\Delta p = \dfrac{5878}{737,6} = 7,97$ kg/cm²

$\Delta_{198,7} = \dfrac{\Delta t}{\Delta p} = 0,041$.

Zahlentafel 14. Versuche bei 199,3° C.

1	2	3	4	5	6	7	8	9	10	11	12 u. 13
Datum	Hochdruck-seite		Niederdruck-seite		Unterschied		t_H	$\dfrac{p_1+p_2}{2}$	Δp	Δt	$\Delta_{199,3}$	Bemerkungen
	R_4	R_3	R_4	R_2	R_3	R_2						
1. 2. 12	42,004	1071,0	40,704	1107,8	503,0	833,4	198,04	154,3	7,97	0,259	0,032	Isolier.: Porzellan. Heiz.: Gas u. elektr.
1. 2. 12	42,004	1011,2	40,704	1041,5	503,0	832,7	199,19	125,8	7,95	0,276	0,035	
1. 2. 12	42,104	1055,3	40,804	1094,5	503,0	833,0	199,50	101,5	7,98	0,294	0,037	
1. 2. 12	42,104	1049,9	40,804	1084,6	503,0	830,5	199,60	101,4	5,95	0,225	0,038	
1. 2. 12	42,104	1102,0	40,804	1148,7	503,0	835	198,67	76,6	7,97	0,323	0,041	
12. 2. 12	42,104	1049,1	40,704	1023,4	703	1582,1	199,62	50,5	7,98	0,393	0,049	
12. 2. 12	42,104	1039,3	40,704	1013,9	703	1580,4	199,80	25,2	7,97	0,355	0,045	

zeigten das von den Kältetechnikern[1]) schon vermutete, von E. Vogel für Zimmertemperatur bestätigte Abfallen des Kühleffektes mit zunehmendem Druck.

[1]) Siehe auch Linde, Sitz.-Bericht der K. b. Akad. d. Wissensch. math.-phys. Klasse 1898 S. 485.

Zahlentafel 15.
8. Februar 1912. 125 at. 250° C. 8 at Unterschied.

1	2	3	4	5	6	7	8	9	10
Zeit	Hochdruck-thermometer		Niederdruck-thermometer		Differenz-messung		Millivoltmeter		Hochdruck-manometer
	R_4	R_3	R_4	R_2	R_3	R_2	unterer Stand	oberer Stand	
3^{05}	46,504	1146	44,904	1076	700	1394	44,5	90	128,1
15		43		72		93		72	1
20		42		—		92		—	—
25		—		71,5		93		88	4
30		41		—		93		—	6
35		—		70,3		93		75	7
40		41		—		92		—	—
45		—		71,5		92,7		85	129,1
50		42,5		72,4		92,4	44,7	83	—
Mittel:	46,504	1141,6	44,904	1071,4	700	1392,6	44,6	83	128,7
Berichtigung:		3,3		1,5	3,3	1,5	1,5		

Hochdruckseite: $WH = \dfrac{R_4 \cdot R_3}{R_3 - R_4} = \dfrac{46,504 \cdot 1144,9}{1098,4} = 48,4727$

Niederdruckseite: $WN = \dfrac{R_4 \cdot R_2}{R_2 - R_4} = \dfrac{44,904 \cdot 1072,9}{1028,0} = 46,8653$

Unterschied: $WH - WN = WH \cdot WN \dfrac{R_2 - R_3}{R_2 \cdot R_3} = 48,4727 \cdot 46,8653 \cdot \dfrac{1394,1 - 703,3}{1394,1 \cdot 703,3} = 1,6005$

Hochdruckseite: $t_H = 249,7$

Niederdruckseite: $pt_N = 243,808$; $t_N = 249,61$

$\Delta pt = 10,3044 \cdot 1,6005 - 8,2899 - [1 - 0,9673] \cdot 243,808 = 0,230$

$$\Delta t = \dfrac{0,230 - 0,053\left(\left(\dfrac{249,6}{100}\right)^2 - \dfrac{249,6}{100}\right)}{1,0150 - 0,031 \cdot \dfrac{249,6}{100}} = 0,0341$$

$\Delta p = \dfrac{5873}{737,6} = 7,96$ kg/cm²

$\Delta_{249,7} = \dfrac{\Delta t}{\Delta p} = 0,004$.

Zahlentafel 16. Versuche bei 249,9° C.

1	2	3	4	5	6	7	8	9	10	11	12 u. 13	
Datum	Hochdruck-seite		Niederdruck-seite		Unterschied		t_H	$\dfrac{p_1 + p_2}{2}$	Δp	Δt	$\Delta_{249,9}$	Bemerkungen
	R_4	R_3	R_4	R_2	R_3	R_2						
8. 2. 12	46,504	1134,6	44,904	1062,1	703,3	1391,8	249,94	149,7	7,97	0,010	0,001	Isolierung: Porzellan. Heiz.: Gas u. elektr.
8. 2. 12	46,504	1144,9	44,904	1072,9	703,3	1394,1	249,74	124,7	7,96	0,034	0,004	
8. 2. 12	46,504	1149,3	44,904	1078,5	703,3	1395,9	249,65	100,4	7,98	0,052	0,007	
8. 2. 12	46,504	1149,6	44,904	1079,5	703,3	1397,5	249,65	75,0	7,97	0,080	0,010	
10. 2. 12	46,604	1195,9	45,104	1188,8	703,3	1397,9	249,96	50,3	7,98	0,060	0,008	
10. 2. 12	46,504	1135,1	45,004	1124,9	703,3	1400,1	249,93	25,2	7,94	0,124	0,014	
11. 2. 12	46,304	1032,3	44,804	1016,1	703,3	1398,7	249,80	50,2	7,94	0,109	0,014	
14. 3. 12	46,304	1027,6	44,804	1011,2	703,3	1395,2	249,91	150,2	7,94	0,060	0,007	
14. 3. 12	46,304	1034,1	44,804	1018,9	703,3	1397,5	249,75	100,3	7,98	0,087	0,011	

Außerdem ergab sich, daß dieser Abfall für alle Temperaturen linear ist, wie dies die Vogelschen Versuche für Zimmertemperatur festgestellt hatten.

Dieses Verhalten des Kühleffektes wurde bei der Auswertung der Versuche dazu benutzt, zuerst die lineare Gleichung für jede Temperaturreihe aufzustellen. Hierbei wurden die geringen Temperaturunterschiede in einer Reihe dadurch ausgeglichen, daß die Mitteltemperatur der Versuchsreihe gebildet und alle Abkühlungen auf diese Temperatur umgerechnet wurden. Diese Umrechnung, welche wegen ihrer Größenordnung nur bei Temperaturen unter 0° nötig war, wurde dadurch vorgenommen, daß einem Schaubilde, in dem die ursprünglichen Werte des Kühleffektes als Ordinaten, die Temperatur als Abszisse eingetragen war, diese Reduktionsgröße aus Kurven gleichbleibenden Druckes entnommen wurden. Die weitere Abgleichung der Versuchspunkte geschah dann so, daß jene Gerade gelegt wurde, die sich den Versuchspunkten am besten anschloß. Es wurde dabei von den Ergebnissen der Vogelschen Versuche Gebrauch gemacht, die gezeigt hatten, daß den Versuchen mit hohen Drücken ein etwas größeres Gewicht beizumessen sei als den anderen. Diese linearen Gleichungen waren alle von der Form

$$\varDelta_T = \left(\frac{dT}{dp}\right)_T = a - bp,$$

wobei $\varDelta_T = \left(\frac{dT}{dp}\right)_T$ die Temperaturänderung bei gleichgehaltener Temperatur, a und b unter derselben Voraussetzung Konstante sind.

Bei den einzelnen Temperaturen ergaben sich für die Größen a und b folgende Werte:

bei	$a =$	$b =$
$- 55{,}4$	$0{,}448$	$0{,}00176$
$- 34{,}0$	$0{,}375$	$0{,}00129$
$- 0{,}6$	$0{,}272$	$0{,}00081$
$+ 49{,}2$	$0{,}197$	$0{,}00056$
$+ 99{,}5$	$0{,}138$	$0{,}00036$
$+149{,}7$	$0{,}084$	$0{,}00018$
$+199{,}3$	$0{,}052$	$0{,}00013$
$+249{,}9$	$0{,}018$	$0{,}00010$

Aus der Betrachtung der angeführten Größen a und b ergibt sich also, daß sowohl a als auch b von der Temperatur abhängig sind. Eine Gleichung, welche also alle Versuchswerte umfaßt, muß etwa die Form haben:

$$\varDelta = \frac{dT}{dp} = F_1(T) - F_2(T) p.$$

Beim Aufsuchen der Funktionen von T für a und b fand sich, daß sie von wesentlich verwickelterer Form sind, als daß sie durch eine so einfache Formel, wie die Thomson-Joulesche ausgedrückt werden könnten, die bekanntlich lautet:

$$\varDelta = \frac{dT}{dp} = a\left(\frac{273}{T}\right)^2.$$

Nachdem eine Gleichung von der Form $F(T) = \frac{A}{T} + \frac{B}{T^2} + C$ den Versuchswerten nicht gerecht wurde, gelang es, durch Wahl der Form

$$F(T) = \frac{A}{T} + \frac{B}{T^2} + \frac{C}{T^3} + D$$

die Werte a und b hinreichend genau auszudrücken. Es wurde dabei durch Ausgleichsrechnung mittels Bildung kleinster Quadrate gearbeitet, wobei die von

Steinhauser[1]) zusammengestellten Formeln mit Vorteil benutzt wurden. Die Gleichung lautete also:

$$l = \frac{dT}{dp} = \frac{A_1}{T} + \frac{B_1}{T^2} + \frac{C_1}{T^3} + D_1 - \left(\frac{A_2}{T} + \frac{B_2}{T^2} + \frac{C_2}{T^3} + D_2\right) p$$

oder

$$= \frac{A_1 - A_2 p}{T} + \frac{B_1 - B_2 p}{T^2} + \frac{C_1 - C_2 p}{T^3} + D_1 - D_2 p \quad \ldots \quad (11),$$

wobei sich für die Konstanten folgende Werte ergaben:

$A_1 = 50{,}1$ $A_2 = -0{,}0297$
$B_1 = 14830$ $B_2 = 1{,}674$
$C_1 = 366000$ $C_2 = 19093$
$D_1 = -0{,}122$ $D_2 = 0{,}0000157$

Zum Vergleich der aus der Formel sich ergebenden Werte mit den Versuchspunkten sind sie zusammen in ein Schaubild, Abb. 11, eingetragen, das den Kühleffekt als Ordinaten, den Druck als Abszissen enthält. Zwei kurze mit Th.-J. bezeichnete Striche auf der Ordinatenachse entsprechen den von Thomson-Joule

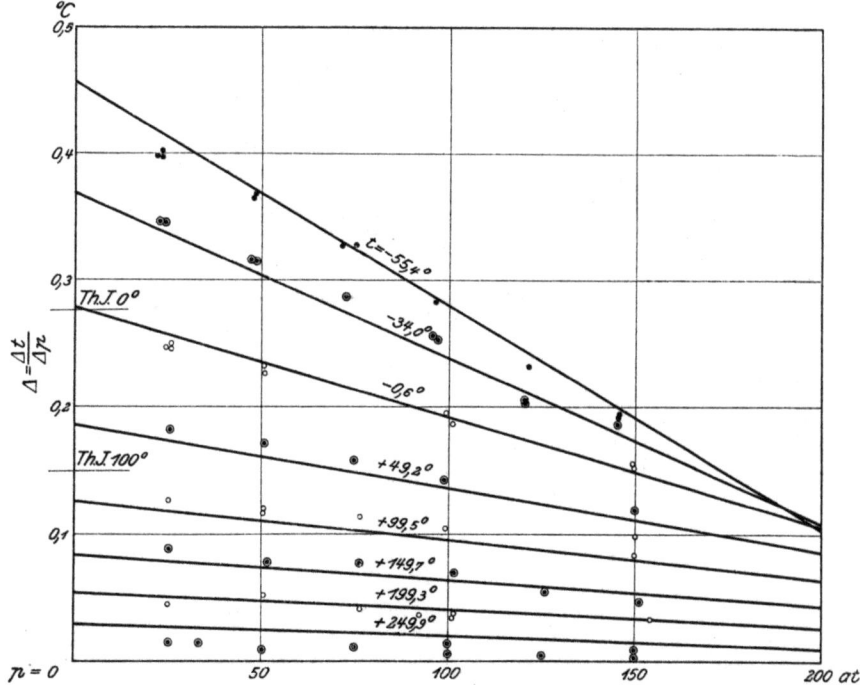

Abb. 11. Zusammenstellung der Versuchspunkte mit den aus der empirischen Formel berechneten Geraden stetsgleicher Temperatur.

gefundenen Werten. Die gefundene Formel paßt sich bis 200° den Versuchsergebnissen gut an; nur für die kleinen Abkühlungen bei 250° sind die Abweichungen prozentual verhältnismäßig groß. Sie gestattet, für jeden Druck und jede Temperatur innerhalb des Geltungsbereiches den Kühleffekt für 1 at Drucksenkung zu berechnen. Da diese Berechnung jedoch ziemlich umfangreich ist, so wurde ein Schaubild, Abb. 12, ausgearbeitet, in dem bis 100° C von 10 zu 10°, über 100° alle 20° die sich aus der Formel ergebenden Geraden stetsgleicher Tempe-

[1]) Steinhauser, Empirische Formeln, Leipzig, Teubner 1898.

ratur eingetragen sind. Ein weiteres Schaubild, Abb. 13, stellt den Kühleffekt als Ordinaten, die Temperatur als Abszissen dar und enthält die Abkühlungen als Linien gleichbleibenden Druckes. In demselben ist die Kurve für 200 at durch geradlinige Extrapolation der im Schaubild 12 enthalten Geraden erhalten. Ein

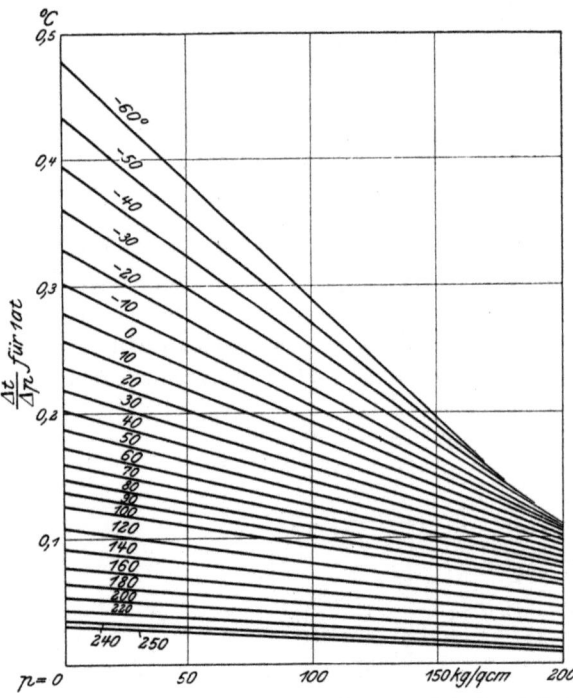

Abb. 12. Linien gleicher Temperatur im Kühleffekt-Druck-Schaubild.

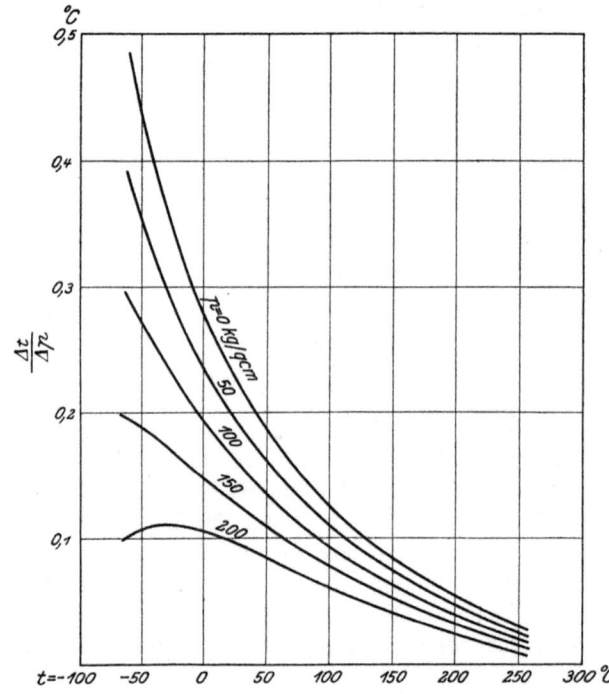

Abb. 13. Linienzüge gleichen Druckes im Kühleffekt-Temperatur-Schaubild.

drittes Diagramm, Abb. 14, zeigt Linien gleichen Kühleffektes, mit Druck und Temperatur als Koordinaten.

Aus den drei Schaubildern erkennen wir, daß der Kühleffekt (s. Abb. 12) bei niedrigen Drücken mit sinkender Temperatur stets ansteigt, daß er jedoch bei hohen Drücken (s. Abb. 13) teils ansteigt, teils geringer wird, wenn man mit der Anfangstemperatur zurückgeht. Bei steigendem Druck und gleichbleibender

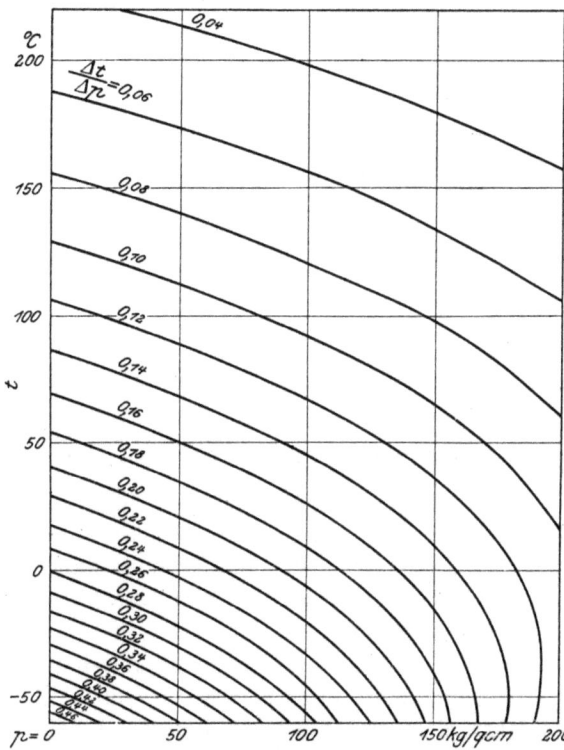

Abb. 14. Linienzüge gleichen Kühleffektes im Druck-Temperatur-Schaubild.

Temperatur wird der Thomson-Joule-Effekt stets kleiner. Wir sehen ferner aus dem Kühleffekt-Druck-Schaubild, daß die Abnahme des Kühleffektes durch Zunahme des Anfangsdruckes umso rascher eintritt, je tiefer die Temperatur ist. Da also zwei Faktoren die Größe des Kühleffektes gleichzeitig beeinflussen, indem das Sinken der Temperatur denselben vergrößern, das Ansteigen des Druckes denselben verkleinern kann, muß ein Kühleffekt bestimmter Größe für verschiedene Temperaturen bei passend gewähltem Druck zu erzielen sein oder umgekehrt.

Es wurde versucht, die Formel der Versuchswerte in geschlossener Form zu integrieren, oder sie so zu verändern, daß die Integration möglich war. Da dies nicht gelang, anderseits aber in der Praxis der Luftverflüssigungsindustrie doch ein erhebliches Bestreben besteht zu wissen, wie groß die gesamte Abkühlung bei Drosselung von hohem Druck auf Atmosphärendruck ist, so wurde auf dem Wege der schrittweisen Integration für einige Fälle die Bestimmung der Integralwerte der Abkühlung vorgenommen. Diese Integralwerte sind in ein Schaubild, Abb. 15, eingetragen und durch Linienzüge verbunden. Dieses Schaubild zeigt die Abkühlung für 200, 150, 100, 50 und 20 at Anfangsdruck bei Expansion bis auf Atmosphärendruck. Es zeigt ebenfalls den großen Einfluß, den die Anfangstemperatur auf die Abkühlung hat, und beweist ferner, daß die Voraussetzung der Thomson-Jouleschen Formel, daß die Abkühlung direkt proportional dem Druckunterschied sei, nicht voll zutrifft[1]). Besonders bei hohen Anfangsdrücken und tiefen Temperaturen ist dies nicht mehr der Fall. Sind die Anfangsdrücke noch höher und die Temperaturen noch tiefer, als sie bei diesen Versuchen zur Anwendung kamen, so wird der Fall eintreten, daß ein

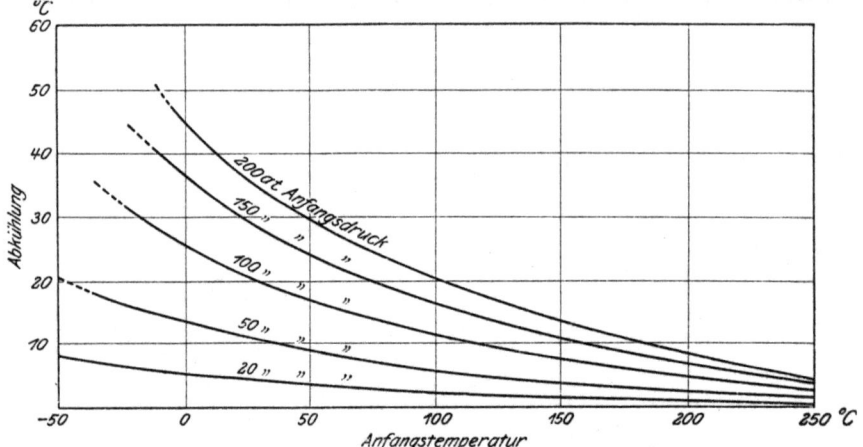

Abb. 15. Werte der Thomson-Jouleschen Abkühlung bei Entspannung auf Atmosphärendruck.

weiteres Ansteigen des Druckes keine Steigerung der Abkühlung hervorruft, daß also auch diese Linien gleichbleibenden Anfangsdruckes im Gebiet tiefer Temperaturen bei hohen Drücken einen Umkehrpunkt haben, wie dies für die Abkühlung für 1 at Drucksenkung die Linie für 200 kg/qcm Anfangsdruck des Schaubildes, Abb. 13, schon zeigt.

Vor allem beweisen auch diese Gesetzmäßigkeiten neuerdings, daß die Behauptung, die Abkühlung beim Drosselvorgang würde nicht infolge innerer Arbeit, sondern infolge eines mit Leistung äußerer Arbeit verbundenen Vorganges entstehen, gänzlich unhaltbar ist, und bestätigen wiederum die von Anfang an von Linde[2]) vertretene Anschauung.

VII. Vergleich der Versuchsergebnisse mit denen anderer Forscher.

Versuche, die den »wahren« Kühleffekt für Luft für 1 at Druckunterschied ergeben, sind nur selten gemacht worden und dann nur bei niedrigen Drücken, da ja von anderen Forschern immer von hohen Drücken auf 1 at expandiert und daher nur der »mittlere« Kühleffekt festgestellt wurde.

Unsere Versuchswerte bei 0° stimmen auf einige Tausendstel Grad überein mit den Werten von Thomson-Joule, von Vogel und von Dalton, wie folgende Zusammenstellung zeigt:

$$\begin{aligned}
\text{Thomson-Joule} & \quad \text{bei } 0° \quad \Delta = 0{,}267 \\
\text{Vogel} & \quad \text{bei } 0° \quad \Delta = 0{,}268 \\
\text{Dalton} & \quad \text{bei } 0° \quad \Delta = 0{,}273 \\
\text{Noell} & \quad \text{bei } 0° \quad \Delta = 0{,}272
\end{aligned}$$

Für 100° ergeben die Thomson-Joulesche Formel $\Delta = 0{,}143$, die Versuche des Verfassers 0,138.

---

[1]) Zuerst ausgesprochen von Linde, s. o. S. 35.
[2]) C. v. Linde, Wiedem. Ann. 1896, 57, S. 328.

Ferner liegen noch Versuche über andere Gase vor, wie die von Kester[1]) für Kohlensäure, von Grindley[2]) und Griesmann[3]) für Wasserdampf. Diese Versuche können zu qualitativen Vergleichen herangezogen werden, insofern auch sie die von der Kältetechnik längst vermutete Abnahme der Abkühlung bei Zunahme des Druckes ergeben haben.

Außerdem lassen sich unsere Werte mit den Ergebnissen einiger neuerer Untersuchungen dann in Vergleich ziehen, wenn wir nicht die Versuchspunkte selbst sondern die Integrationswerte derselben betrachten. Dalton findet bei 0° und 18,45 at Ueberdruck über 1 at eine Abkühlung von 5,14° C, aus unserem Schaubild ergibt sich für 19 at eine Abkühlung von 5,2° C bei der gleichen Temperatur. Ersterer findet ferner ebenfalls bei 0° und 42,2 at Ueberdruck 11,3° unser Schaubild ergibt für 49 at 13,2°, also bei 42,2 etwa 11,5°, in beiden Fällen eine gute Uebereinstimmung.

Auch die Versuche von Bradley und Hale lassen sich auf diese Weise mit den unsrigen vergleichen, wie folgende Zahlentafel zeigt.

	Bradley und Hale			Noell	
$t = -20°$	$p = 102$ at	$\Delta = 30°$		$p = 100$ at	$\Delta = 31°$
$-10°$	204 »	48,5°		200 »	49,2°
$-10°$	102 »	27,5°		100 »	28°
0°	204 »	45°		200 »	44,5°
0°	102 »	26°		100 »	26°
10°	102 »	23°		100 »	23,5°
10°	204 »	41,5°		200 »	40,7°

Die Werte sind einem Schaubild des Versuchsberichtes der amerikanischen Forscher entnommen und auf etwa 0,5° genau. In anbetracht der großen Verschiedenheit in den Versuchsbedingungen muß die Uebereinstimmung der beiderseitigen Werte überraschen.

VIII. Folgerungen aus den Versuchsergebnissen.

Der lineare Verlauf der Linien gleicher Temperatur im Kühleffekt-Druck-Schaubild, Abb. 12, legt es nahe, diese Linien auf höhere Drücke zu extrapolieren. Nehmen wir diese Extrapolation vor, so erkennen wir, daß es für jede Temperatur einen Druck gibt, bei dem der Kühleffekt zu null wird. Dieser Druck und diese Temperatur ergeben dann einen sogenannten Umkehrpunkt für Luft. In diesem Punkt wird Δ zu null; bei weiterer Druckerhöhung über diesen Punkt hinaus muß es das Vorzeichen wechseln und die Abkühlung in Erwärmung übergehen. Da es für jede Temperatur einen solchen Umkehrpunkt gibt, ist es unrichtig, von dem Umkehrpunkt schlechthin eines Gases zu reden, sondern man kann nur von dem Umkehrpunkt bei einem bestimmten Druck oder, ohne Rücksicht auf den Druck, von einer Umkehrkurve des Gases sprechen.

Das Vorhandensein dieser Kurve ist auch theoretisch wohl begründet, und Porter[4]), der sich eingehend mit diesen Fragen beschäftigt hatte, gelang es, mittels reduzierter Koordinaten[5]) aus der van der Waalsschen sowie der Dieterichschen Zustandsgleichung Kurven zu finden, die in gleicher Weise für alle die

---

[1]) Kester, s. o.
[2]) Grindley, Phil. Trans. Bd. 194, 1900 S. 1.
[3]) Griesmann, Forschungsarbeiten d. V. d. I. Heft 13 1904.
[4]) Porter, Phil. Mag. (6) 1906. 11. S. 554.
[5]) Vergl. darüber z. B. W. Nernst, Theoretische Chemie.

Gase gelten, die das Gesetz der »übereinstimmenden Zustände« befolgen. Gehen wir von der van der Waalsschen Gleichung aus:

$$\left(p + \frac{a}{v^2}\right)(v - b) = RT,$$

in der die Konstanten a, b und R für jedes Gas andere Werte besitzen, und drücken in derselben Volumen, Druck und Temperatur in Bruchteilen des kritischen Druckes, des kritischen Volumens und der kritischen Temperatur aus, indem wir statt v, p, t die Werte $\pi = \frac{p}{p_K}$; $\varphi = \frac{v}{v_K}$; $\tau = \frac{T}{T_K}$ einführen, so heben sich die Konstanten a, b, R heraus, und wir bekommen die sogenannte reduzierte van der Waalssche Zustandsgleichung: $\left(\pi + \frac{3}{\varphi^2}\right)(3\varphi - 1) = 8\tau$, welche keinerlei von der Natur der Gase abhängige Konstanten mehr enthält.

Aus dieser Gleichung berechnete dann Porter die Umkehrkurve, für die Fliegner[1]) den einfachen Ausdruck fand:

$$\pi = 12\sqrt{12\tau} - 12\tau - 27.$$

Aehnlich ging Porter mit Dietericis Gleichung vor. Es sei dabei bemerkt, daß man nur eine Zustandsgleichung in reduzierten Koordinaten ausdrücken kann, die nicht mehr als 3 Konstanten hat, da sich nicht mehr Größen mittels der kritischen Stücke eliminieren lassen. Mit diesen beiden Umkehrkurven zusammen ist die aus unseren Versuchen erhaltene in ein Schaubild, Abb. 16, eingetragen. Es wurden dabei nicht die Versuchswerte unmittelbar extrapoliert, da sich hierdurch kein stetiger Linienzug für die Umkehr ergeben hätte, sondern es wurde die aus den Versuchen berechnete Formel benutzt, indem man die linke Seite der Gl. (11) S. 37, gleich null setzte.

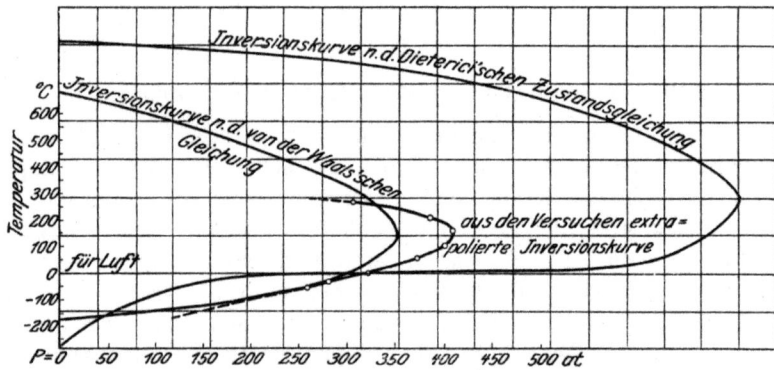

Abb. 16. **Inversionskurve nach van der Waals, Dieterici und den Versuchen des Verfassers.**

Der Vergleich der Kurven zeigt, daß die aus unserer Formel gefundenen Werte sich in dem Gebiet tiefer Temperatur, in dem die Geraden im t-p-Schaubild, Abb. 12, sehr steil verlaufen, die Extrapolation also ziemlich sicher ist, sich der van der Waalsschen Kurve gut anschließen, während dies bei höheren Temperaturen nicht mehr der Fall ist. Mit Dietericis Gleichung zeigen unsere Werte keine Uebereinstimmung.

Es konnte also eine Umkehrkurve gefunden werden, die teilweise mit der van der Waalsschen übereinstimmt, im ganzen übrigen Verlauf eine qualitative Aehnlichkeit mit ihr besitzt. An Anbetracht dessen, daß z. T. von 150 bis

---

[1]) **Fliegner, Vierteljahrschrift d. Naturf. Ges. Zürich Jahrg. 55, 1910.**

auf 400 at extrapoliert werden mußte, kann dies als eine erneute versuchsmäßige Bestätigung der theoretischen Gleichung angesehen werden.

Aus der Umkehrkurve ist also zu ersehen, daß beim Drosselvorgang innerhalb des von ihr umschlossenen Gebietes Abkühlung, außerhalb desselben Erwärmung eintritt, während auf der Kurve selbst die sogenannte Nullwirkung herrscht.

Betrachten wir die Verteilung dieses Gebietes bei verschiedenen Gasen, indem wir, wie dies im Diagramm, Abb. 16, für Luft geschehen ist, dadurch von reduzierten zu gewöhnlichen Koordinaten übergehen, daß wir π und τ mit p_K und T_K multiplizieren (für Luft $p_K = 39$ at, $T_K = 133$), so sehen wir, daß für Luft bei den gebräuchlichen Temperaturen und Drücken Abkühlung auftritt, während Gase mit sehr kleinen kritischen Temperaturen unter diesen Verhältnissen Erwärmung beim Drosselvorgang zeigen. Bei Wasserstoff, z. B.[1]) mit $T_K = 31$ kann erst bei Temperaturen, die tiefer als $-64°$ sind, Abkühlung erhalten werden, wenn wir die van der Waalssche Umkehrkurve als richtig annehmen.

Während sich nun die Abkühlung beim Drosselvorgang zwanglos durch eine vorhandene merkbare Anziehung zwischen den Molekeln erklären läßt, ist dies für die Erwärmung nicht mehr möglich, da wir ja nicht daraus auf eine Abstoßung der Molekel schließen dürfen. Wir müssen deshalb einer Erklärung dieser Vorgänge folgen, die Fliegner[2]) gegeben und bewiesen hat.

Er zeigt, daß sich beim Drosselvorgang 3 Größen ändern können, deren Summe die unverändert bleibende Erzeugungswärme zusammensetzen, nämlich die kinetische Energie der Molekel (d. i. die Temperatur), ihre potentielle Energie (d. i. die gegenseitige Anziehung der Molekel) und die beim Strömen auftretende Verdrängungsarbeit (pv).

Der letztere Wert nimmt nun auf einer Kurve gleichbleibender Erzeugungswärme gleichzeitig mit dem Druck ab, und zwar außerhalb der Umkehrkurve sehr rasch, so daß bei Drosselung aus seinem Ueberschuß nicht nur die zur Ueberwindung der gegenseitigen Anziehung der Molekel nötige Arbeit geleistet, sondern auch die Temperatur erhöht werden kann. Auf der Umkehrkurve genügt dieser Ueberschuß von pv eben noch zur Ueberwindung der molekularen Anziehung, während innerhalb dieser Kurve die Abnahme von pv zu klein wird, um die Anziehungskräfte zu überwinden, so daß also die kinetische Energie der Molekel das Fehlende ersetzen, d. h. Abkühlung auftreten muß.

IX. Die spezifische Wärme der Luft.

Die Veränderung, die der Thomson-Joule-Effekt mit der Temperatur erfährt, bietet ein Mittel, die Veränderlichkeit der spezifischen Wärme bei gleichbleibendem Druck zu berechnen, wie dies C. von Linde[3]) gezeigt hat. Entzieht man nämlich einem Gasstrom bei gleichbleibendem Druck p die Wärmemenge Q, so daß seine Temperatur von T_1 auf T_2 fällt, läßt man ferner den Druck durch Drosselung von p_1 auf p_2 herabsinken, wobei T_2 zu T_3 wird, und führt man ihm dann die oben entzogene Wärmemenge Q wieder zu, dann ergibt sich eine Temperatur T_4, die offenbar dieselbe sein muß wie diejenige, die sich ergibt, wenn man das Gas unmittelbar bei der Anfangstemperatur T_1 von p_1 auf p_2 herabdrosselt. Es muß deshalb

$$Q = c p_1 (T_1 - T_2) = c p_2 (T_4 - T_3) \text{ sein.}$$

---

[1]) Vergl. Fr. Noell, Handwörterbuch der Naturwissenschaften (Fischer-Jena) Bd. I S. 99. Artikel: Aggregatzustände.
[2]) Fliegner, s. o.
[3]) C. v. Linde, s. o.

Hierbei bedeuten cp_1 und cp_2 die mittleren spezifischen Wärmen beim Druck p_1 und p_2 zwischen den zugehörigen Temperaturgrenzen.

Ist $(T_2 - T_3) > (T_1 - T_4)$, dann muß $cp_1 > cp_2$ sein und für unendlich kleine Temperaturunterschiede

$$cp_1\, dt = cp_2\, (dt + d\varDelta)$$

oder, da $\varDelta$ mit abnehmendem T zunimmt,

$$cp_1 = cp_2 \left(1 - \frac{d\varDelta}{dt}\right).$$

Aus der Formel für unsere Thomson-Joule-Versuche läßt sich durch Differentiation $\frac{d\varDelta}{dt}$ erhalten, allerdings nur für eine Atmosphäre Druckänderung.

Aus Formel (11) ergibt sich nämlich:

$$\left(\frac{d\varDelta}{dt}\right)_p = -\frac{50{,}1 + 0{,}0297\, p}{T^2} - \frac{2\,(14830 - 1{,}674\, p)}{T^3} - \frac{3\,(366000 - 19093\, p)}{T^4}.$$

Um also z. B. aus c_p für t^0 und 1 at, c_p für t^0 und 25 at zu berechnen, lautet die Formel:

$$cp_{25} = cp_1 \left(1 + \left\{\frac{d\varDelta}{dt}\right\}_2\right)\left(1 + \left\{\frac{d\varDelta}{dt}\right\}_3\right)\cdots\left(1 + \left\{\frac{d\varDelta}{dt}\right\}_{25}\right),$$

wobei $\left(\frac{d\varDelta}{dt}\right)_2$ die Aenderung des Kühleffektes für 1 at Druckänderung bei 2 at absolutem Druck, $\left(\frac{d\varDelta}{dt}\right)_3$ dieselbe Aenderung bei 3 at absolutem Druck u. s. f. bedeuten.

Die Werte von $\left(\frac{d\varDelta}{dt}\right)_p$ ändern sich nur langsam mit dem Druck, so daß diese Aenderung innerhalb nicht zu großer Druckbereiche als linear angenommen werden kann. Man kann also für die obige Gleichung setzen:

$$cp_{25} = cp_1 \left(1 + \frac{\left\{\left(\frac{d\varDelta}{dt}\right)_2 + \left(\frac{d\varDelta}{dt}\right)_{25}\right\}}{2}\right)^{24}.$$

Für die Berechnung der Werte über 0^0 genügt es, den Exponential-Ausdruck nach der binomischen Reihe zu entwickeln und beim zweiten Glied abzubrechen, so daß die vereinfachte Gleichung lautet:

$$cp_{25} = cp_1 \left(1 + 24\, \frac{\left(\frac{d\varDelta}{dt}\right)_2 + \left(\frac{d\varDelta}{dt}\right)_{25}}{2}\right).$$

Als Bezugswerte, d. h. als die zur Berechnung notwendige bekannte spezifische Wärme wurden die Werte von Scheel und Heuse[1]) bei 20 und -78^0 und der Wert von Swann[2]) bei 100^0 und 1 at Druck verwendet und die sich so ergebende ganz schwach gekrümmte Kurve der spezifischen Wärme bei 1 at Druck bis 250^0 extrapoliert. Man erhält dann die Werte der spezifischen Wärme der Luft zwischen -50 und 250^0 C und 1 bis 200 at Druck, die in beiliegender Zahlentafel 17 angegeben sind. Die Werte dieser Tafel wurden in einem Schaubild, Abb. 17, eingetragen und zeigen das Ansteigen der spezifischen Wärme mit steigendem Druck und mit sinkender Temperatur. Sie zeigen daher das gleiche

---

[1]) Scheel und Heuse, Ann. d. Phys. 37, 1912 S. 79.
[2]) Swann, Phil. Trans. 210 1910 S. 199.

Verhalten wie die Werte Witkowskis[1]) für Luft und die Werte von Knoblauch und Jakob[2]), und Knoblauch und Mollier[3]) für Wasserdampf.

Zahlenmäßig sind sie mit den Werten Witkowskis nicht unmittelbar vergleichbar, da er nur mittlere spezifische Wärmen über ein großes Temperaturbereich erhalten hat und nur bei ganz tiefen Temperaturen arbeitete. Seine Werte wachsen mit sinkender Temperatur rascher an, als unsere Berechnung ergibt. Eine Berechnung R. Planks[4]) über die spezifische Wärme der Stickstoffdämpfe zeigt auch bei diesen die Zunahme von c_p mit Druck und erst Abnahme, später jedoch Zunahme mit der Temperatur, so daß die Werte, wie die von Knoblauch-Jakob, mit steigender Temperatur später wieder zunehmen, also ein Minimum durchschreiten. Dieses Minimum geht aus unserer Berechnung noch nicht hervor[5]).

Zahlentafel 17. c_p für Luft.

⁰C	1 at	50 at	100 at	150 at	200 at
− 50	0,242	0,288	0,325	0,346	0,347
0	0,241	0,266	0,287	0,303	0,312
+ 50	0,241	0,257	0,271	0,282	0,290
+100	0,242	0,253	0,263	0,271	0,278
+150	0,243	0,251	0,258	0,265	0,270
+200	0,244	0,249	0,255	0,260	0,265
+250	0,244	0,249	0,254	0,258	0,261

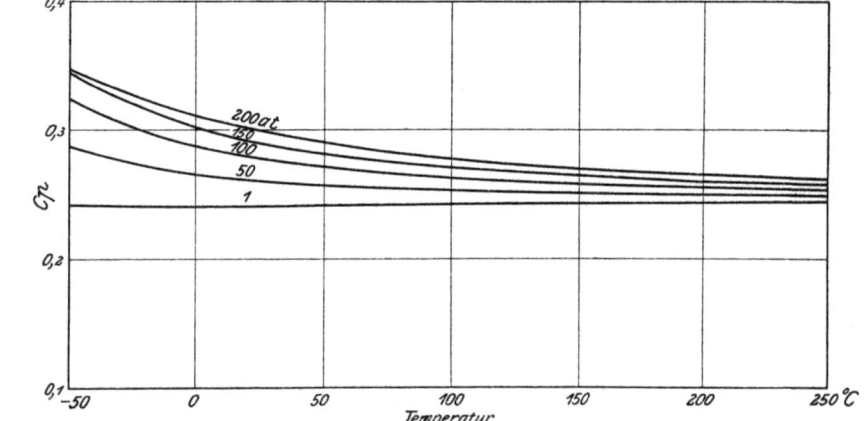

Abb. 17. Die spezifische Wärme c_p der Luft, berechnet aus den Thomson-Joule-Versuchen.

X. Zusammenfassung.

1) Die vorliegenden Versuche stellen die Abhängigkeit des Thomson-Joule-Effektes für Luft von Druck und Temperatur zwischen −55 und 250⁰ und Drücken bis zu 150 at fest.

---

[1]) Witkowski, Anzeiger der Akad. Krakau 1895 S. 290.

[2]) Knoblauch und Jakob, Forschungsarbeiten d. V. d. I Heft 35 und 36 1906; Z. d. V. d. I. 1907 S. 81.

[3]) Knoblauch und Mollier, Forschungsarbeiten d. V. d. I. Heft 108 und 109 1911; Z. d. V. d. I. 1911 S. 665.

[4]) R. Plank, Phys. Zeitschr. XI, 1910 S. 633.

[5]) Zusatz bei der Korrektur: Während der Drucklegung meiner Arbeit erhalte ich Kenntnis von der Veröffentlichung von Holborn und Jacob (Sitzungsber. d. K. pr Akad. d. Wissensch. 1914 S. 213), die die spezifische Wärme der Luft bei etwa 60⁰ C unmittelbar bestimmt und durch eine von ihnen gefundene Formel aus meinen Thomson-Joule-Werten berechnet haben und eine überraschende Uebereinstimmung beider Ergebnisse fanden.

2) Die Versuchswerte wurden durch eine Formel ausgedrückt, die lautet:

$$\varDelta = \frac{dT}{dp} = \frac{A_1 - A_2\, p}{T} + \frac{B_1 - B_2\, p}{T^2} + \frac{C_1 - C_2\, p}{T^3} + D_1 - D_2\, p,$$

wobei

$\varDelta$ die Abkühlung für 1 at Drucksenkung,
T die absolute Temperatur des Gases auf Hochdruckseite,
p das arithmetische Mittel der Drucke von Hoch- und Niederdruckseite,
dp den Druckunterschied zwischen Hoch- und Niederdruckseite,
dT den entsprechenden Temperaturunterschied,
A_1, A_2, B_1, B_2, C_1, C_2 und D_1, D_2 Konstante bedeuten.

3) Bei allen untersuchten Temperaturen wurde eine lineare Abnahme des Kühleffektes mit dem Druck gefunden.

4) Aus den Versuchswerten wurde durch Integration die Temperatursenkung bei Drosselung von hohem Anfangsdruck auf 1 at berechnet und in ein Schaubild eingetragen. Aus ihm ist zu ersehen, daß die Proportionalität der Abkühlung mit dem Druckunterschied bei tiefen Temperaturen und hohen Drücken nicht mehr voll besteht.

5) Die Ergebnisse der Untersuchung wurden mit den Werten anderer Forscher verglichen und im Einklang mit denselben gefunden.

6) Aus den Extrapolationen der Versuche wurde ein Teil der Umkehrkurve bestimmt.

7) Aus dem beobachteten Kühleffekt wurde die spezifische Wärme der Luft c_p für den Versuchsbereich berechnet unter Zugrundelegung der Werte von Scheel und Heuse, und Swann für 1 at.

Sonderabdrucke
aus der Zeitschrift des Vereines deutscher Ingenieure,
die in folgende Fachgebiete eingeordnet sind:

1. Bagger.
2. Bergbau (einschl. Förderung und Wasserhaltung).
3. Brücken- und Eisenbau (einschl. Behälter).
4. Dampfkessel (einschl. Feuerungen, Schornsteine, Vorwärmer, Überhitzer).
5. Dampfmaschinen (einschl. Abwärmekraftmaschinen, Lokomobilen).
6. Dampfturbinen.
7. Eisenbahnbetriebsmittel.
8. Eisenbahnen (einschl. Elektrische Bahnen).
9. Eisenhüttenwesen (einschl. Gießerei).
10. Elektrische Krafterzeugung und -verteilung.
11. Elektrotechnik (Theorie, Motoren usw.).
12. Fabrikanlagen und Werkstatteinrichtungen.
13. Faserstoffindustrie.
14. Gebläse (einschl. Kompressoren, Ventilatoren).
15. Gesundheitsingenieurwesen (Heizung, Lüftung, Beleuchtung, Wasserversorgung und Abwässerung).
16. Hebezeuge (einschl. Aufzüge).
17. Kondensations- und Kühlanlagen.
18. Kraftwagen und Kraftboote.
19. Lager- und Ladevorrichtungen (einschl. Bagger).
20. Luftschiffahrt.
21. Maschinenteile.
22. Materialkunde.
23. Mechanik.
24. Metall- und Holzbearbeitung (Werkzeugmaschinen).
25. Pumpen (einschl. Feuerspritzen und Strahlapparate).
26. Schiffs- und Seewesen.
27. Verbrennungskraftmaschinen (einschl. Generatoren).
28. Wasserkraftmaschinen.
29. Wasserbau (einschl. Eisbrecher).
30. Meßgeräte.

Einzelbestellungen auf diese Sonderabdrucke werden nur **gegen Voreinsendung** des in der Zeitschrift als Fußnote zur Überschrift des Aufsatzes bekannt gegebenen Betrages ausgeführt.

Vorausbestellungen auf sämtliche Sonderabdrucke der vom Besteller ausgewählten Fachgebiete können in der Weise geschehen, daß ein Betrag von etwa 5 bis 10 M eingesandt wird, bis zu dessen Erschöpfung die in Frage kommenden Aufsätze regelmäßig geliefert werden.

Zeitschriftenschau.

Vierteljahrsausgabe der in der Zeitschrift des Vereines deutscher Ingenieure erschienenen Veröffentlichungen 1898 bis 1910.
Preis bei portofreier Lieferung für den Jahrgang
3,— ℳ für Mitglieder.   10,— ℳ für Nichtmitglieder.

Seit Anfang 1911 werden von der Zeitschriftenschau der einzelnen Hefte einseitig bedruckte gummierte Abzüge angefertigt.
Der Jahrgang kostet
2,— ℳ für Mitglieder.   4,— ℳ für Nichtmitglieder.

Portozuschlag für Lieferung nach dem Ausland 50 Pfg für den Jahrgang. Bestellungen, die nur gegen vorherige Einsendung des Betrages ausgeführt werden, sind an die **Redaktion der Zeitschrift des Vereines deutscher Ingenieure, Berlin NW., Sommerstraße 4a** zu richten.

Mitgliederverzeichnis d. Vereines deutscher Ingenieure.

Preis 3,50 ℳ. Das Verzeichnis enthält die Adressen sämtlicher Mitglieder sowie ausführliche Angaben über die Arbeiten des Vereines.

Bezugsquellen.

Zusammengestellt aus dem Anzeigenteil der Zeitschrift des Vereines deutscher Ingenieure. Das Verzeichnis erscheint zweimal jährlich in einer Auflage von 35 bis 40000 Stück. Es enthält in deutsch, englisch, französisch, italienisch, spanisch und russisch ein alphabetisches und ein nach Fachgruppen geordnetes Adressenverzeichnis.

Das Bezugsquellenverzeichnis wird auf Wunsch kostenlos abgegeben.

MIX
Papier aus verantwortungsvollen Quellen
Paper from responsible sources
FSC® C105338

If you have any concerns about our products,
you can contact us on
ProductSafety@springernature.com

In case Publisher is established outside the EU,
the EU authorized representative is:
**Springer Nature Customer Service Center GmbH
Europaplatz 3, 69115 Heidelberg, Germany**

Printed by Libri Plureos GmbH
in Hamburg, Germany